峰麵包

熟成的韻味

BREAD RECIPE

陳志峰 著

不必著急，
靜靜待它熟成，才別有一番風味

| 峰焙麵包鋪主廚 陳志峰

一想到即將推出這本書，內心一直雀躍不已。

與麵包的相遇，已經過了幾十個年頭。因為麵包，讓我能在許多不同的地方看見美麗的風景，日本研習、海內外教課、受邀至新加坡參加麵包指導選手比賽……一路上收穫了好多好多。回想到小時候不愛念書，也沒有找到目標，曾經度過了一段迷失方向的日子。幸好找到了做麵包的興趣，讓我不怕難、不怕累，勇往直前的在這條路上越走越遠，也走出許多心得。

數年前，我想將我所學與心得分享給朋友們，毅然決然開啟了我的麵包教學之路。在教學的過程中，我總會盡力滿足學員們的需求，在有限的時間裡告訴學員製作上的細節或容易犯錯之處，讓他們帶著麵包與知識收穫滿滿的回家。完成麵包後，看到學員眼中閃爍著光芒，臉上堆滿笑容，便讓我感到滿足，十分有成就感。學員們在課後的回饋與支持，更成為了幫助我繼續前進的助力，讓我在麵包教學的過程中有了更多的體會。不知不覺的，路也漸漸寬廣。

《峰麵包——熟成的韻味》中將我製作麵包所累積的經驗與麵包教學中的精華，都融入在這些精心挑選的各式麵包之中。期許這本書，能夠成為自己在麵包之路上更進一步的里程碑。透過本書，將麵包教學轉化成紙上的一字一句，不僅可以超越時間、空間的限制，讓有興趣的舊雨新知們都享受到手作麵包的幸福感，更可以讓大家了解健康食材的選擇與優質麵包的製作是息息相關的。這也是我一直秉持的理念：要享受美味又擁有健康，就必須同時擁有許多堅持，而在去年剛開幕的峰焙麵包鋪中，我也不忘初衷，以相同的態度製作麵包，才能給消費者最好的。

美好的事物就像麵團的熟成一般，有堅持、有等待，才能變成最好的。邀請您跟我一起進入麵包的世界，感受峰麵包的手作溫度。

開了一間屬於自己的麵包店，秉持一如既往的理念

｜台中羅芙藏阿胖 常胖師傅

一年到頭全台灣各地跑、麵包開課場場爆滿，是我對志峰的第一印象。

我因為想要了解年輕一輩師傅製作的手法，曾經報名參加過志峰的課程，詳細的解說、直爽自然的應答、耐心解決學員的各種問題，理所當然地造就了九年來依舊爆棚的人氣。

漂亮的麵包氣孔、純淨的呈現麵團麥香、俐落地操作手法，是我對志峰的第二印象。在幾年前，我請志峰來店裡展演幾款拿手的麵包並分享他的觀念與製法，過程中非常愉快，在與志峰的互動中能感受到他為人的真誠，且製作麵包無添加的理念與我相同，便邀請他隨我們一行人參加 2020 年初日本烘焙業為台灣蔥神會舉辦的交流講習會，一同探討最新的流行與技術分享。

如今陳志峰師傅也成為了台灣蔥神會的一員，秉持著麵團無添加的理念，一齊在台灣的烘焙業努力耕耘。

志峰長年在自己的課程中，推廣沒有添加物一樣可以做出美味的麵包，如今開了一間屬於自己的麵包店，更是秉持一如既往的理念。

而這本麵包書，注入了許多堅持，將更多美好的麵包帶給不只是過往志峰的學員，更是愛吃麵包，想了解麵包的每一個你。

二十五年的職人精神

｜易烘焙教室 Tiffany

能與擁有豐富教學經驗的陳志峰老師合作，對易烘焙來說，實在是如虎添翼。易烘焙教室一直秉持著一個理念：用最好的材料、最棒的師資，讓學員做出最美味的點心，傳遞幸福與感動。志峰老師在易烘焙教室中，教導過程細心而有條有理，對於學員們常犯錯的困難點，也會預先提醒，一步一腳印的，帶領學員們完成屬於自己的手作麵包。學員們也對老師的課程反響熱烈，收穫無數個好回饋。若想要在家製作麵包，擁有本書，就如同志峰老師親臨現場一般，與讀者一同體驗手作的美好。閱讀時，更可以在字裡行間看到志峰老師的用心。圖文並茂的示意圖、簡單明瞭卻不失細節的材料與製作程序，帶領讀者展開一場有溫度的麵包之旅。這些內容，是志峰老師征戰指導參加比賽、各地研習與教學所累積起來的寶貴經驗與技術結晶，也是這位麵包職人所傳授的精華所在。無論是剛開始學習做麵包的新手，或是已經有許多經驗的老手，都可以在這本書中得到收穫，在各式麵包中徜徉自在。

誠摯推薦給想要深入了解麵包的你。

如果您現在走在烘焙的路上，您一定要讀這本書；如果您正要踏上烘焙這條路上，那麼您更應該讀這本書

｜林侑賢

如果您現在走在烘焙的路上，
您一定要讀這本書；
如果您正要踏上烘焙這條路上，
那麼您更應該讀這本書。

也許這樣的話很主觀，但在我心裡，
志峰老師在烘焙界已是骨灰級麵包研究學家。
技術高超但又不高調造作，
骨子裡盡是真材實料的烘焙學識。
即使每堂麵包課都已報名滿堂，
仍謙遜低調的把畢生所學與學員交換。

志峰老師是踏實、實在、自然的一個男子漢。
直率不做作，教學盡心不藏私。

即便我們常稱他是個走在風口浪尖上的男人，
因為他有話直說，認為該將好的技術傳授給眾生，
造福人群是理所應當的事。
也正因為在這條路上他如此無所畏懼，
讓我們這些跟隨他的老師、師傅們更有安全感。

從麵包的角度出發、各種烘培的運用。
這絕對是一本指標系的烘焙麵包書，
不僅讓您學到發酵的工法、溫度的掌控、基礎與進階的知識寶庫～～

林侑賢

不斷挑戰自我的麵包職人

| 料理老師 鄭元勳

在與陳志峰老師認識之前，已經在網路上見識到這位麵包職人的作品。

志峰老師指導學生參加麵包比賽、到日本參與許多研習，在麵包教學上也累積了無數忠實學員。在陳志峰老師身上，我看到的是不斷自我挑戰，勇於向前的態度與毅力，也是志峰老師令我尊敬的地方。

後來，在易烘焙教室中，與志峰老師有了更多見面的機會。

我對於老師的教學有更多欣賞與學習，亦能親身體會老師的細膩手法與對麵包的許多堅持。

志峰老師的麵包課程種類豐富而多元，既親切又有條理的上課方式也令我印象深刻。

這本精美又用心的書將志峰老師麵包上的材料、步驟、技法都不藏私的分享給大家，就像志峰老師親臨現場一般，給予讀者詳細又易懂的教學，相信能讓對麵包感興趣的人們愛不釋手，想一讀再讀！

關於有「溫度」的麵包職人

| 謝岳恩

關於有「溫度」的麵包職人
記得第一次碰面，當時的志峰老師已是位非常有名的烘焙講師
對待剛踏入烘焙教學的蟹老闆
和善客氣，更不吝於分享許多教學經驗
對於一個剛認識的人就能如此真誠對待
感受到志峰老師是位有溫度的人

對於「峰焙」的成立
看見志峰老師、對於優質原物料的堅持、對於正確製程的堅持以及對於高品質成品的堅持、到前後場友善環境的營造及事必躬親、以身作則的帶人方式
在在驗證志峰老師是位溫度與態度兼具的麵包職人

終於志峰老師籌備已久的新書準備上架
過程中老師分享新書拍攝撰寫時的點點滴滴
從讀者角度出發的撰寫方向
強調每個製程細節的完整交代
用職人的溫度與態度用心撰寫
不藏私的全都放進書裡面
相信擁有這本書
就能擁有開啟變身麵包達人的一把金鑰匙喔

謝岳恩

contents

part IV | 丹麥 Danish

part V | 甜麵包 Sweet Bread

part VI | 調理 Salty Bread

PART I
吐司
Toast

布里歐彈簧吐司

Brioche spring toast

65g×37 個（約可做 4 條） | 直接法 | 12 兩吐司模（SN2052）

【製作程序】

攪拌程度	L4M8 分次下奶油 L4M5
麵團溫度	完成麵團 24～25℃
基本發酵	60 分鐘（30℃、75～80%）
分割滾圓	65 公克
中間發酵	冷藏 30 分鐘
整　　形	滾圓、8 個放一模
最後發酵	70～80 分鐘 （30℃、75～80%）
烤箱溫度	170 ／ 240℃
烤焙時間	33～35 分鐘

【材料（g）】

麵團	
特高筋麵粉	700
高筋麵粉	300
細砂糖	150
鹽	18
新鮮酵母	30
蛋黃	200
原味優格	100
牛奶	430
無鹽發酵奶油	500
總計	2428

表面裝飾	
全蛋液	適量
珍珠糖	適量

作法

麵團

1

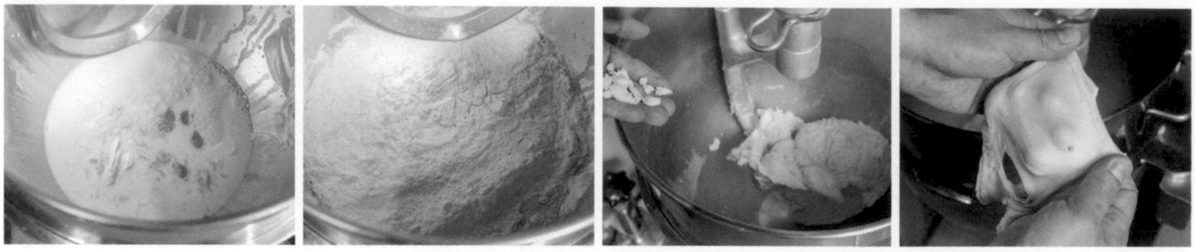

攪拌缸中放入特高筋麵粉、高筋麵粉、細砂糖、鹽、蛋黃、原味優格、牛奶，低速先拌 30 秒成團，加入新鮮酵母低速 4 分鐘，再轉中速 8 分鐘，打至可拉出薄膜。

2

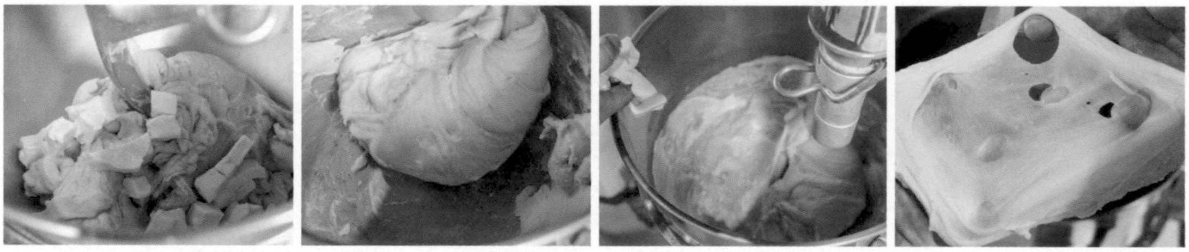

分次加入無鹽發酵奶油，奶油可先切成小塊狀，低速 4 分鐘，將無鹽發酵奶油全部加入後，轉中速 5 分鐘，打至可拉出薄膜，**麵團完成溫度 24 ～ 25℃**，基本發酵 60 分鐘（**溫度 30℃／濕度 75 ～ 80%**）。

3

麵團取出分割每個 65 公克，中間發酵冷藏 30 分鐘，取出滾圓入模，每 8 個放一個模具，從兩邊的外側先放，再放中間的，最後發酵 70 ～ 80 分鐘（**溫度 30℃／濕度 75 ～ 80%**）。

4

麵團發酵到離模具約 3 公分，表面刷上全蛋液，撒上珍珠糖，放入烤箱，上下火 170 ／ 240℃，烤焙 33 ～ 35 分鐘，出爐，輕敲脱模。

布里歐肉桂捲

Brioche cinnamon rolls

75g × 12 個 | 直接法

直徑 11 公分 × 高 4 公分圓形模

【製作程序】

攪拌程度	L4M8 分次下奶油 L4M5
麵團溫度	完成麵團 24 ～ 25℃
基本發酵	60 分鐘（30℃、75 ～ 80%）
麵團分割	600 公克
中間發酵	冷凍 30 分鐘
整形抹餡	抹餡、捲長條狀
最後發酵	35 ～ 40 分鐘 （30℃、75 ～ 80%）
烤箱溫度	170 ／ 190℃
烤焙時間	18 分鐘

【材料（g）】

麵團	
特高筋麵粉	700
高筋麵粉	300
細砂糖	150
鹽	18
新鮮酵母	30
蛋黃	200
原味優格	100
牛奶	430
無鹽發酵奶油	500
總計	2428

肉桂奶油糖	
無鹽發酵奶油	64
細砂糖	122
肉桂粉	14

內餡	
烤熟 1/8 核桃	100

作法

烤核桃

1 1/8 核桃沖洗乾淨，瀝乾水分，放入烤箱，上下火 170／170℃，烤約 10～12 分鐘，冷卻備用。

肉桂奶油糖

2
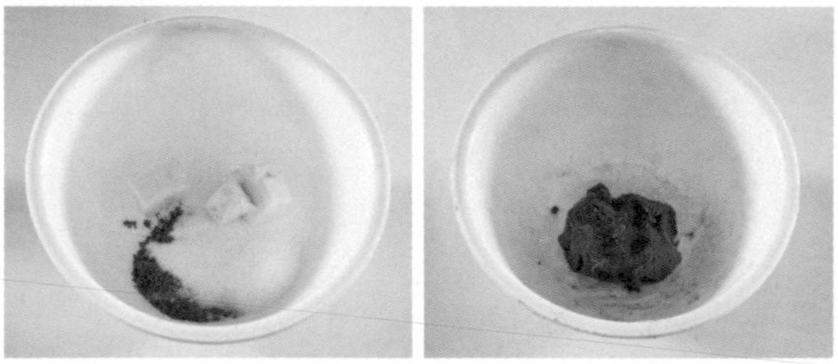

無鹽發酵奶油放置室溫回軟，加入細砂糖、肉桂粉，攪拌均勻備用。

麵團

3 麵團：作法參考 **P.014** 布里歐彈簧吐司的【作法 1、2】。

4

發酵至戳洞不回彈，取出麵團，放置桌面輕壓排氣，整形成長方形放置烤盤，中間發酵冷凍 30 分鐘，發酵完取出，輕壓排氣，擀成長寬 40×20 公分大小。

5

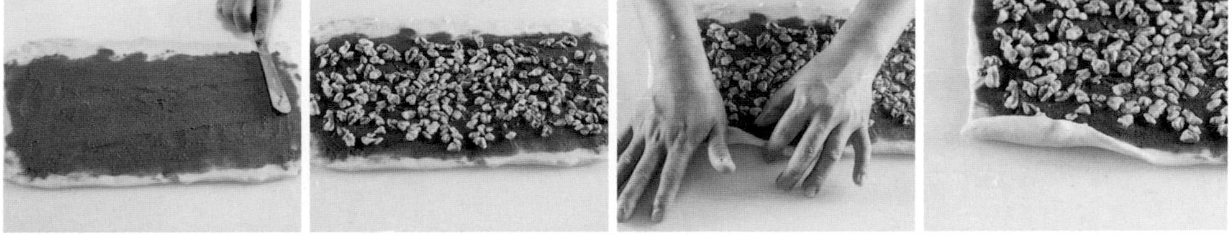

麵團表面抹上肉桂奶油糖，均勻鋪上烤熟 1/8 核桃，從邊緣慢慢往中間捲起，使用指腹輔助輕壓，盡量不要有空隙。

6

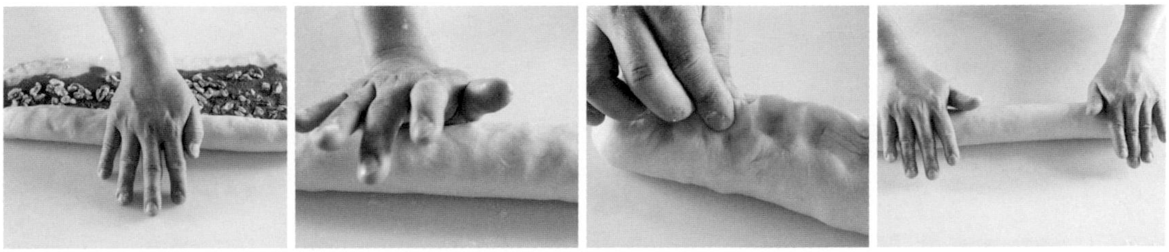

整個捲起，捲緊，收口捏緊，再滾成長條狀，放入冷凍冰 20 分鐘。

7

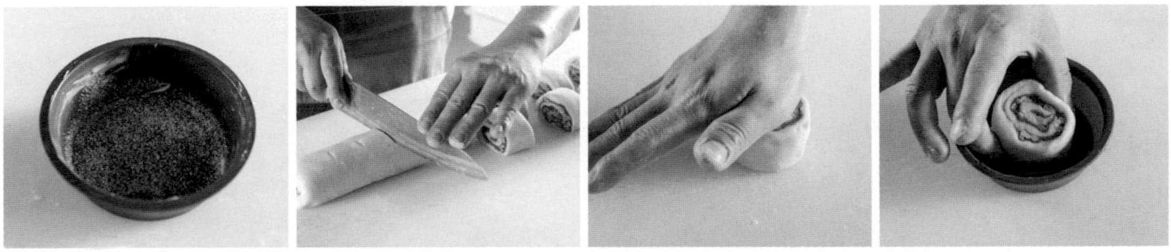

將圓形模抹上無鹽發酵奶油（配方外），取出冰硬的麵團，分割每個約 **3.5 公分**寬，約 75 公克 1 個，約可以切 12 個，切好的肉桂捲放入模具中，切口朝上。

8

最後發酵 35 ～ 40 分鐘（**溫度 30℃／濕度 75 ～ 80%**），放入烤箱，上下火 170 ／ 190℃，烤焙 18 分鐘，出爐，輕敲脫模完成。

黃金地瓜吐司

Golden sweet potato toast

250g×7 個 | 直接法 | 吐司模（SN2151）

【製作程序】

攪拌程度	L5M5 下奶油 L3M4
麵團溫度	完成麵團 26 ～ 27℃
基本發酵	30 分鐘翻面 30 分鐘 （30℃、75 ～ 80%）
分割滾圓	250 公克
中間發酵	20 ～ 25 分鐘 （30℃、75 ～ 80%）
整形包餡	地瓜餡 80 公克
最後發酵	60 分鐘（30℃、75 ～ 80%）
烤箱溫度	180 ／ 220℃
烤焙時間	25 分鐘

【材料（g）】

麵團	
特高筋麵粉	1000
鹽	20
細砂糖	60
新鮮酵母	30
動物性鮮奶油	50
水	650
全脂奶粉	20
無鹽發酵奶油	60
總計	1890

地瓜餡	
紅肉地瓜（去皮切塊蒸熟）	500
北海道煉乳	40
全脂奶粉	25
無鹽發酵奶油	75
總計	640

酥菠蘿	
細砂糖	75
冷藏無鹽發酵奶油 （切丁 1 公分）	50
杏仁粉	25
低筋麵粉	125
全蛋	13
總計	288

作法

1

地瓜餡　　酥菠蘿

地瓜餡：紅肉地瓜去皮切塊蒸熟，加入北海道煉乳、全脂奶粉、無鹽發酵奶油攪拌均勻成泥狀，備用。
酥菠蘿：低筋麵粉過篩，和其餘材料混合用手搓，拌勻成粉粒狀，備用。

2

麵團

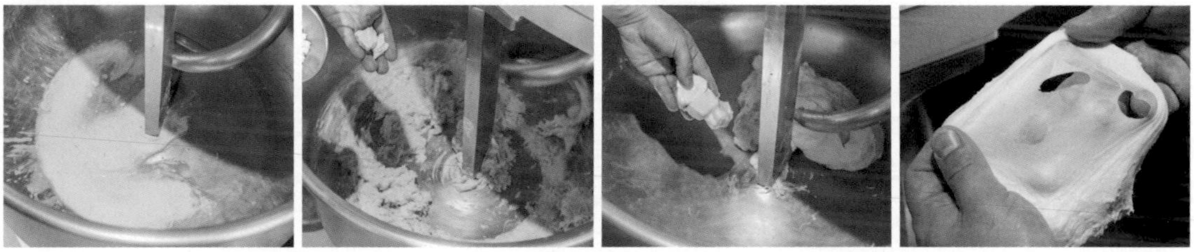

攪拌缸中放入特高筋麵粉、鹽、細砂糖、動物性鮮奶油、水、全脂奶粉、新鮮酵母，低速先拌 5 分鐘成團，再轉中速 5 分鐘，放入無鹽發酵奶油，低速 3 分鐘，再轉中速 4 分鐘，打至可拉出薄膜，**麵團完成溫度 26 ～ 27℃**，基本發酵 30 分鐘翻面再發酵 30 分鐘（**溫度 30℃／濕度 75 ～ 80%**）。

3

取出麵團，分割每個 250 公克，中間發酵冷藏 30 分鐘，發酵完取出，沾上手粉，轉橫向。

4

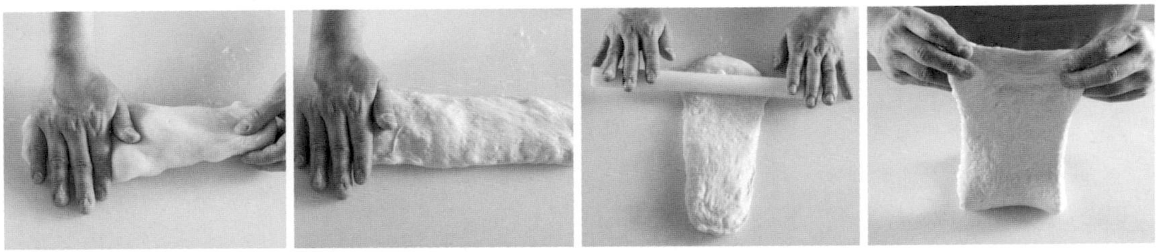

輕壓排氣，要確實排氣，轉直的擀長，約 30 公分長，翻面。

5

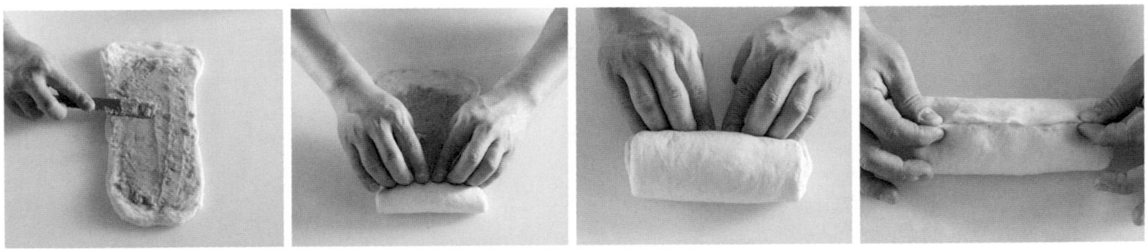

抹上地瓜餡 80 公克，從上方捲起，確實捲緊捲實，收口捏緊。

6

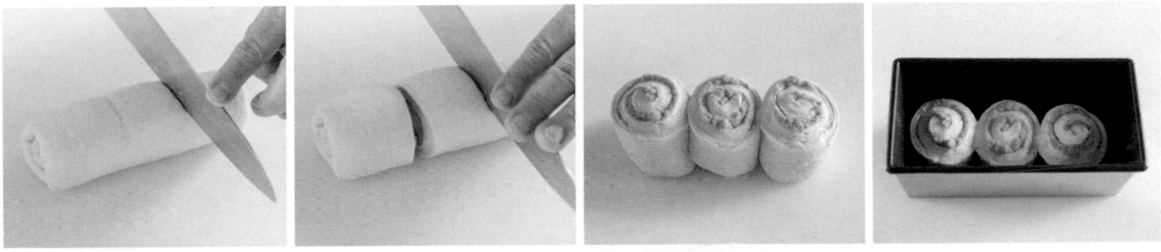

包好餡料的麵團，平均切成三個，切面朝上放入吐司模中。

7

最後發酵 60 分鐘（**溫度 30℃／濕度 75 ～ 80%**），發酵至離吐司模約 3 公分，表面撒上酥菠蘿，放入烤箱，上下火 180 ／ 220℃，烤焙 25 分鐘，出爐，輕敲脫模完成。

蜂蜜吐司

Honey toast

250g×8 個（約可做 4 條）｜直接法｜吐司模（SN2052）

【製作程序】

攪拌程度	L5M5 下奶油 L3M4
麵團溫度	完成麵團 27℃
基本發酵	60 分鐘翻面 30 分鐘（30℃、75～80%）
分割滾圓	250 公克
中間發酵	20 分鐘（30℃、75～80%）
整形擀捲	擀捲 2 次、中間鬆弛 10 分鐘
最後發酵	60～70 分鐘（30℃、75～80%）
烤箱溫度	170 ／ 240℃
烤焙時間	30～32 分鐘

【材料（g）】

特高筋麵粉	700
高筋麵粉	300
蜂蜜	200
煉乳	30
鹽	18
新鮮酵母	35
動物性鮮奶油	100
水	450
無鹽發酵奶油	100
蜂蜜丁	200
總計	2133

作法

1

攪拌缸中放入特高筋麵粉、高筋麵粉、蜂蜜、煉乳、鹽、動物性鮮奶油、水、新鮮酵母，低速先拌 5 分鐘成團，再轉中速 5 分鐘，可拉出薄膜。

2

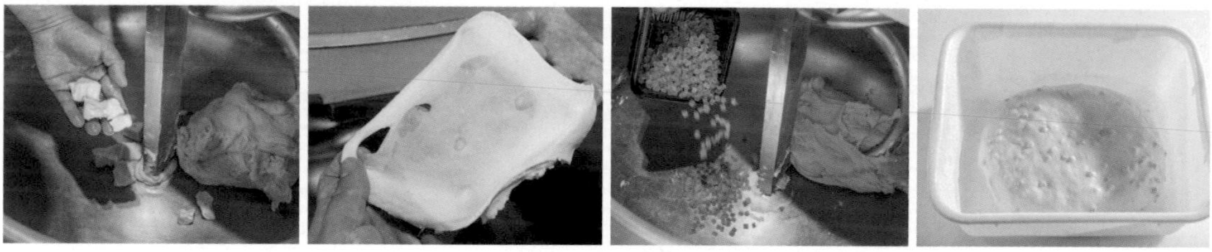

放入無鹽發酵奶油，低速 3 分鐘，再轉中速 4 分鐘，打至可拉出薄膜，加入蜂蜜丁，低速拌匀，**麵團完成溫度 27℃**，基本發酵 60 分鐘（**溫度 30℃／濕度 75 ～ 80%**）。

3

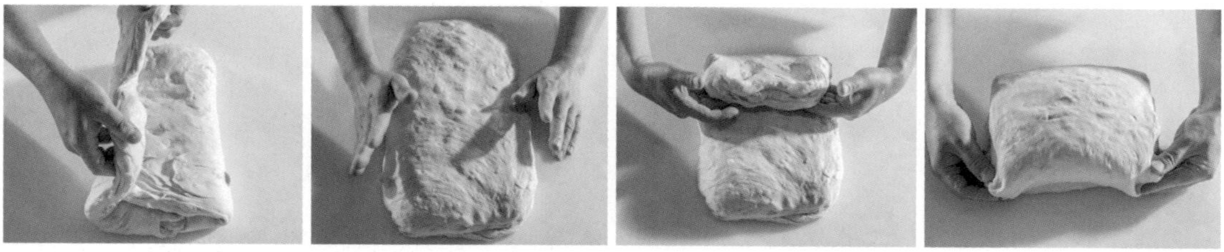

取出三折一次翻面，輕壓排氣，再三折一次，發酵 30 分鐘（**溫度 30℃／濕度 75 ～ 80%**）。

4

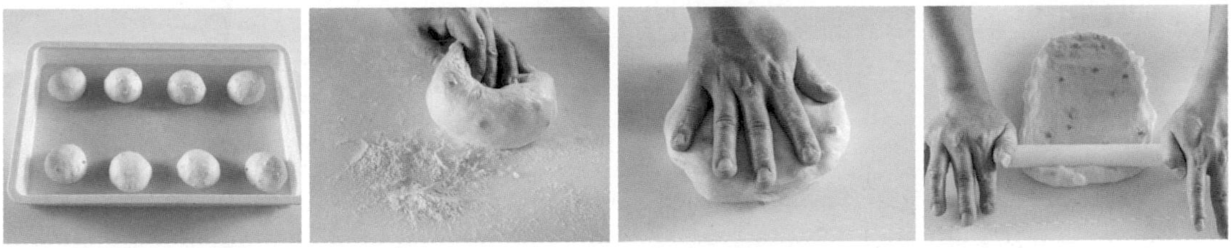

取出麵團，分割每個 250 公克，中間發酵 20 分鐘（**溫度 30℃／濕度 75 ～ 80%**），發酵完取出，沾上手粉，輕壓排氣，要確實排氣，擀長約 15 公分長。

5

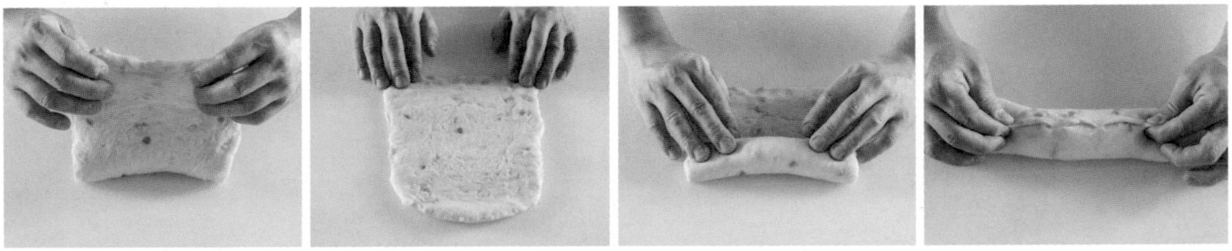

翻面，下方輕壓扁，由上往下捲起，捲緊捲實，收口處捏緊，靜置鬆弛 10 分鐘。

6

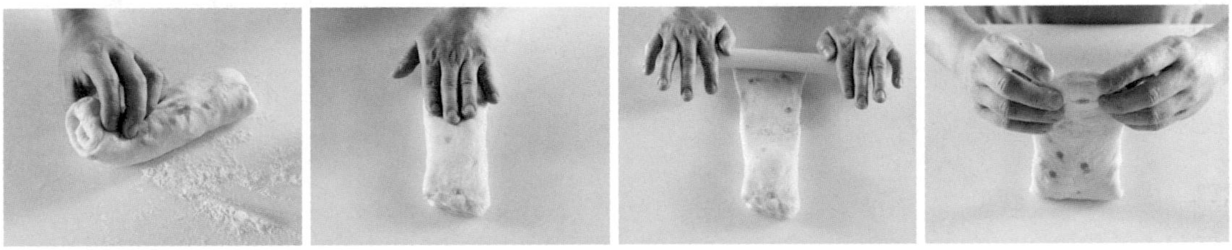

鬆弛好麵團沾上手粉，輕壓排氣，擀開約 30 公分長，翻面。

7

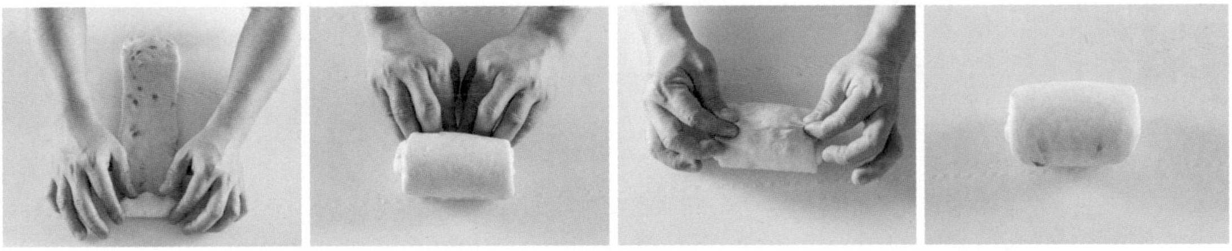

由上往下捲起，收口捏緊，完成擀捲兩次。

8

放入吐司模中，一模兩個，靠左右放，最後發酵 60 ～ 70 分鐘（**溫度 30℃／濕度 75 ～ 80%**），發酵至離吐司模約 3. 5 公分，放入烤箱，上下火 170 ／ 240℃，烤焙 30 ～ 32 分鐘，出爐，輕敲脫模完成。

湯種豆漿吐司

Tangzhong soy milk toast

150g×13 個（約可做 6 條） | 湯種法 | 吐司模（SN2151）

【製作程序】

湯種	
攪拌程度	L2
麵團溫度	完成麵團 50℃

本種	
攪拌程度	L6M3 下奶油 L4M7
麵團溫度	完成麵團 27℃
基本發酵	60 分鐘翻面 30 分鐘（30℃、75～80%）
分割滾圓	150 公克
中間發酵	30 分鐘（30℃、75～80%）
整形滾圓	兩個一模
最後發酵	60 分鐘（30℃、75～80%）
烤箱溫度	170 ／ 240℃
烤焙時間	25～26 分鐘

【材料（g）】

湯種	
高筋麵粉	150
無糖豆漿	150
本種	
特高筋麵粉	600
高筋麵粉	250
新鮮酵母	35
鹽	18
細砂糖	60
無鹽發酵奶油	50
無糖豆漿	720
總計	2033

作法

湯種

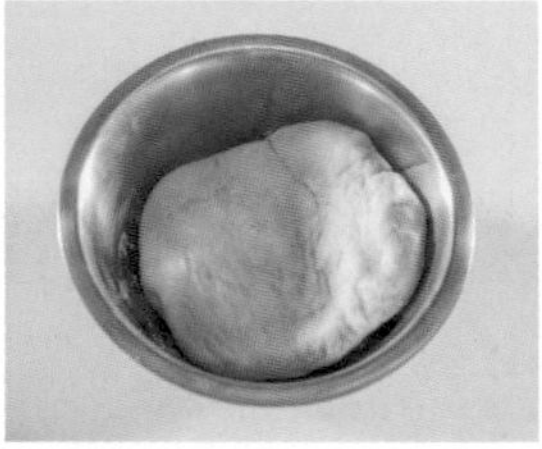

1 將高筋麵粉放入鋼盆中，無糖豆漿煮滾，沖入麵粉中，低速拌勻 2 分鐘，麵團完成溫度 50℃。

本種

2 攪拌缸中放入特高筋麵粉、高筋麵粉、鹽、細砂糖、無糖豆漿、新鮮酵母，將湯種撕小塊加入，低速先拌 6 分鐘成團，再轉中速 3 分鐘，可拉出薄膜。

3 放入無鹽發酵奶油，低速 4 分鐘，再轉中速 7 分鐘，打至可拉出薄膜，**麵團完成溫度 27℃**，基本發酵 60 分鐘翻面 30 分鐘（**溫度 30℃／濕度 75～80%**），取出麵團，分割每個 150 公克，中間發酵 30 分鐘（**溫度 30℃／濕度 75～80%**）。

4

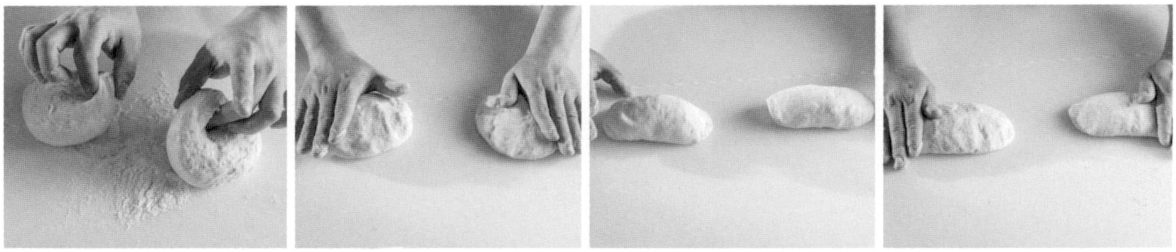

發酵完取出，沾上手粉，輕壓排氣，要確實排氣，搓長成長條狀，再輕壓排氣。

5

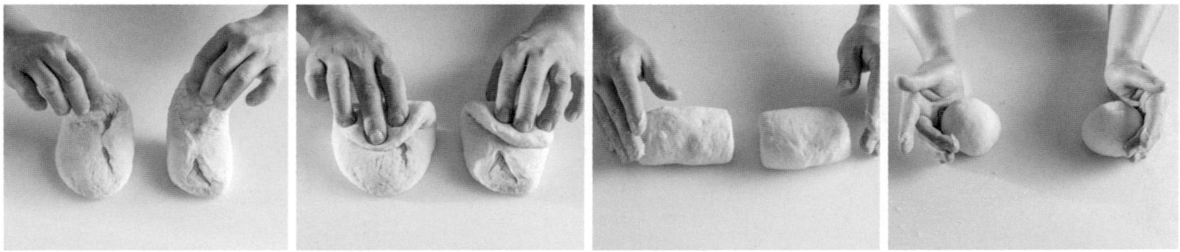

翻面，轉直，由下往上折三折，再滾圓。

6

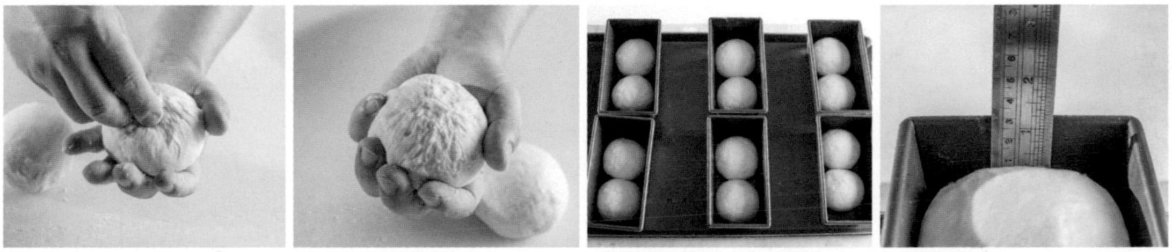

收口收緊，兩個一模，放入吐司模中，最後發酵 60 分鐘（**溫度 30℃／濕度 75 ～ 80%**），發酵至離吐司模約 3 公分。

7

表面撒上高筋麵粉，放入烤箱，上下火 170 ／ 240℃，烤焙 25 ～ 26 分鐘，出爐，輕敲脫模完成。

黑糖桂圓吐司

Brown sugar longan toast

300g×8 個 | 直接法 | 吐司模（SN2151）

【製作程序】

攪拌程度	L5M4 下奶油 L2M1 下果乾 L2
麵團溫度	完成麵團 27℃
基本發酵	60 分鐘翻面 30 分鐘（30℃、75 ～ 80%）
分割滾圓	300 公克
中間發酵	30 分鐘（30℃、75 ～ 80%）
整形擀捲	擀捲 1 次
最後發酵	60 ～ 70 分鐘（30℃、75 ～ 80%）
烤箱溫度	170 ／ 240℃
烤焙時間	25 ～ 26 分鐘

【材料 (g)】

特高筋麵粉	700
高筋麵粉	300
黑糖水（黑糖：水＝1：1）	280
黑糖蜜	60
鹽	20
新鮮酵母	35
水	500
無鹽發酵奶油	100
烤熟 1/8 核桃	150
浸泡後瀝乾的桂圓乾	250
總計	2395

※ 桂圓乾 100 公克加入紅酒 20 公克，浸泡拌勻，冷藏可保存 6 個月。

表面裝飾	
全蛋液	適量

作法

烤核桃

1 1/8 核桃沖洗乾淨，瀝乾水分，放入烤箱，上下火 170／170℃，烤約 10～12 分鐘，冷卻備用。

調製黑糖水

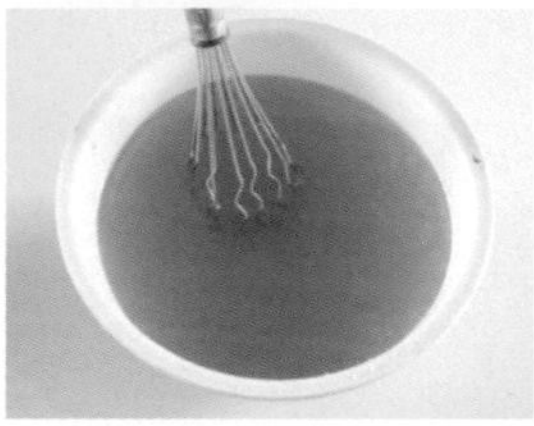

2 調製黑糖水：材料中的黑糖水比例 1：1，所以黑糖 140 公克加入水 140 公克，混合拌勻，備用。

麵團

3 攪拌缸中放入特高筋麵粉、高筋麵粉、黑糖水、黑糖蜜、鹽、水、新鮮酵母，低速先拌 5 分鐘成團，再轉中速 4 分鐘，可拉出薄膜。

4 放入無鹽發酵奶油，低速 2 分鐘，再轉中速 1 分鐘，打至可拉出薄膜，加入烤熟 1/8 核桃、浸泡後瀝乾的桂圓乾，低速 2 分鐘拌勻，**麵團完成溫度 27°C**，基本發酵 60 分鐘翻面 30 分鐘（**溫度 30°C／濕度 75～80%**）。

5

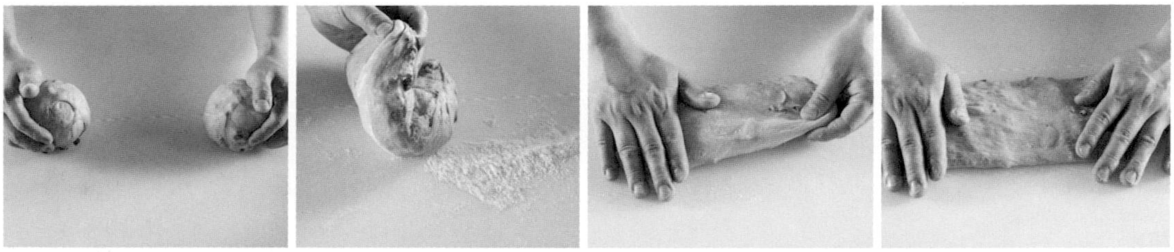

取出麵團，分割每個 300 公克，中間發酵 30 分鐘（**溫度 30℃／濕度 75 ～ 80%**），發酵完取出，沾上手粉，搓成長條狀，輕壓排氣，要確實排氣。

6

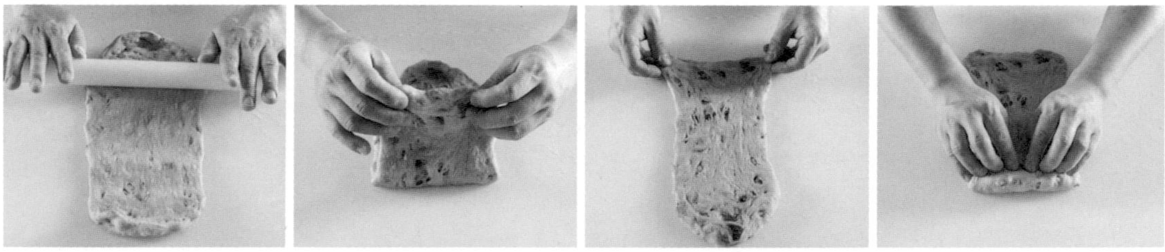

擀開約 30 公分長，翻面，底部輕壓扁，由上往下捲起。

7

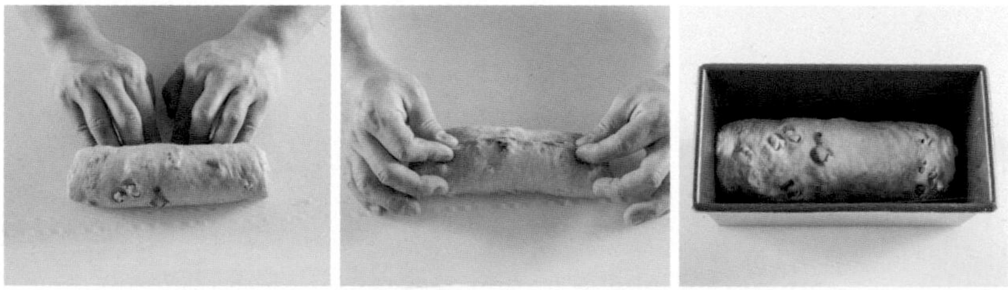

捲緊捲實，收口捏緊，完成寬度會與吐司模一樣長，放入吐司模中，最後發酵 60 ～ 70 分鐘（**溫度 30℃／濕度 75 ～ 80%**）。

8

發酵至離吐司模約 3.5 公分，表面刷上全蛋液，放入烤箱，上下火 170 ／ 240℃，烤焙 25 ～ 26 分鐘，出爐，輕敲脫模完成。

yder picks
'revenge' on abse
ubs beat Cardinals
In other results, it was:
• Dodgers 8, Yankees 2
• White Sox 11, Indians 4
• Blue Jays 3, Rays 2
• Tigers 4, Twins 2
• Athletics 16, Royals 3
• Padres 4, Giants 0
• Rangers 4, Astros 3, 12 innings
• Mariners 8, Angels 1
• Phillies 6, Pirates 2
• Diamondbacks 12, Rockies 9
• Braves 12, Marlins 7
• Reds 3, Brewers 0
RED SOX 12, ORIOLES 2

波隆納德腸調理吐司

Bologna sausage toast

260g×8個 | 直接法 | 吐司模（SN2151）

【製作程序】

攪拌程度	L5M5 下奶油 L3M5
麵團溫度	完成麵團 26～27℃
基本發酵	60 分鐘（30℃、75～80%）
分割滾圓	260 公克
中間發酵	20 分鐘（30℃、75～80%）
整形包餡	德國香腸 2 條
最後發酵	50～60 分鐘 （30℃、75～80%）
烤箱溫度	200／230℃
烤焙時間	27～28 分鐘

【材料（g）】

麵團	
高筋麵粉	1000
鹽	18
細砂糖	100
新鮮酵母	35
全脂奶粉	30
全蛋	100
蛋黃	50
牛奶	100
水	470
無鹽發酵奶油	180
總計	2083

內餡 / 個	
德國香腸（信功 10 公分）	2 條

表面裝飾 / 個	
聖女番茄（對切）	2 顆
黑橄欖（切片）	8 片
洋蔥絲	少許
比薩用乳酪絲	40

作法

1

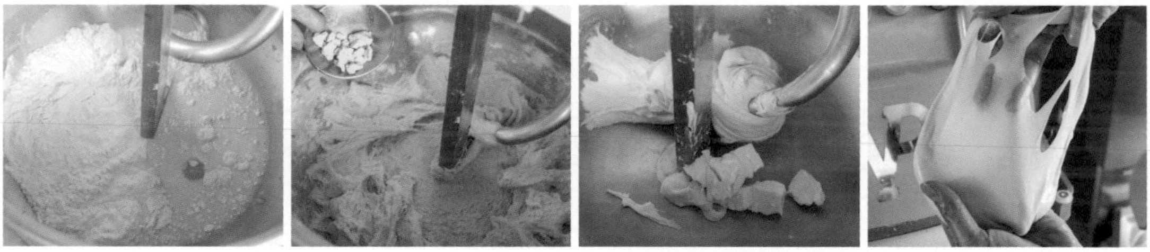

攪拌缸中放入高筋麵粉、鹽、細砂糖、全脂奶粉、全蛋、蛋黃、牛奶、水、新鮮酵母，低速先拌 5 分鐘成團，再轉中速 5 分鐘，放入無鹽發酵奶油，低速 3 分鐘，再轉中速 5 分鐘，打至可拉出薄膜，**麵團完成溫度 26 ～ 27℃**，基本發酵 60 分鐘（**溫度 30℃／濕度 75 ～ 80%**）。

2

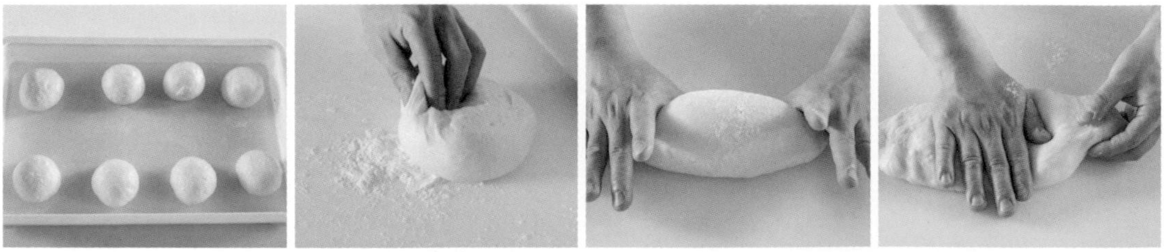

取出麵團，分割每個 260 公克，中間發酵 20 分鐘（**溫度 30℃／濕度 75 ～ 80%**），發酵完取出，沾上手粉，轉橫向，搓長成長條狀，輕壓排氣。

3

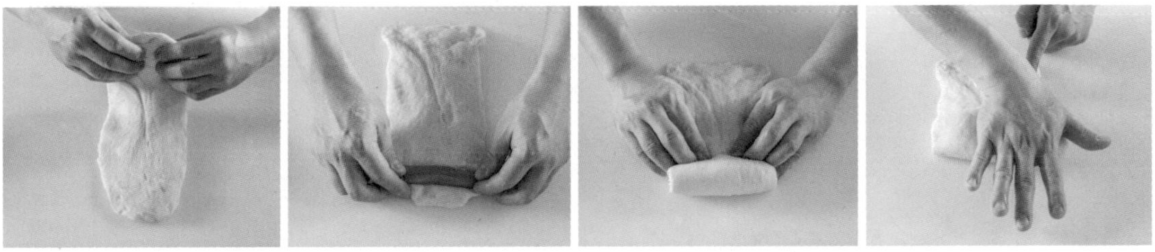

翻面，轉直長度約 30 公分長，最上端放上一條德國香腸，捲起，邊捲邊輕壓，捲至一半。

4

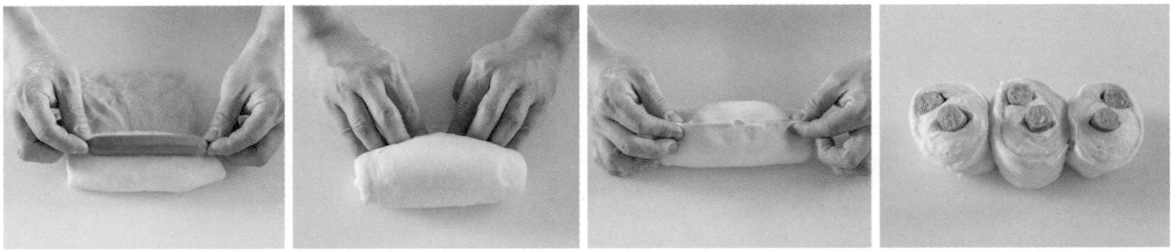

放上第二條德國香腸，再捲起，要確實捲緊捲實，收口捏緊，平均切成三等份，切口朝上。

5

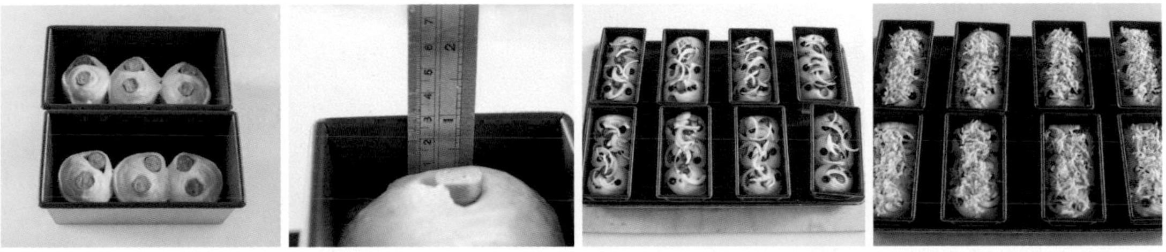

切口朝上放入吐司模中，最後發酵 50 ～ 60 分鐘（**溫度 30℃／濕度 75 ～ 80%**），發酵至離吐司模約 3 公分，表面依序擺上聖女番茄、黑橄欖片、洋蔥絲、乳酪絲，放入烤箱，上下火 200 ／ 230℃，烤焙 27 ～ 28 分鐘，出爐，輕敲脫模完成。

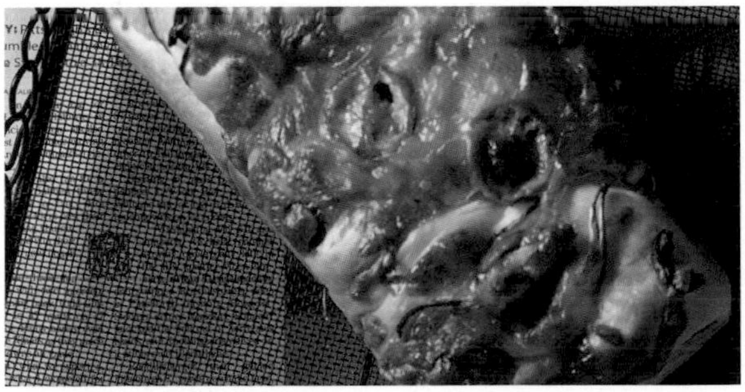

牛奶吐司

Milk toast

170g×12個（約可做4條）｜隔夜中種法｜吐司模（SN2052）

【製作程序】

隔夜中種	
攪拌程度	L5M1
麵團溫度	完成麵團 24～25℃
基本發酵	30分鐘（28℃、75～80%）
冷藏靜置	12小時（不超過16小時）

本種	
攪拌程度	L5M4 下奶油 L3M4
麵團溫度	完成麵團 26～27℃
基本發酵	40分鐘（30℃、75～80%）
分割滾圓	170公克
中間發酵	20分鐘（30℃、75～80%）
整形滾圓	三個一模
最後發酵	60～70分鐘 （30℃、75～80%）
烤箱溫度	170／240℃
烤焙時間	30～32分鐘

【材料（g）】

隔夜中種	
特高筋麵粉	500
新鮮酵母	10
牛奶	350

本種	
高筋麵粉	500
細砂糖	50
鹽	21
新鮮酵母	20
蛋黃	60
全脂奶粉	30
動物性鮮奶油	250
水	200
無鹽發酵奶油	80
總計	2071

表面裝飾	
全蛋液	適量

作法

隔夜中種

1 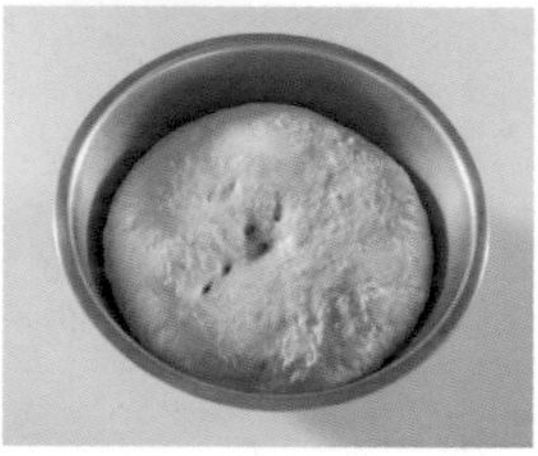

新鮮酵母加牛奶，先拌勻至酵母溶解，放入攪拌缸中加入特高筋麵粉，低速 5 分鐘成團，再轉中速 1 分鐘拌勻，**麵團完成溫度 24 ～ 25℃**，基本發酵 30 分鐘（**溫度 28℃／濕度 75 ～ 80%**），冷藏 12 小時，不超過 16 小時，隔天回溫至中心溫度 15 ～ 18℃。

本種

2 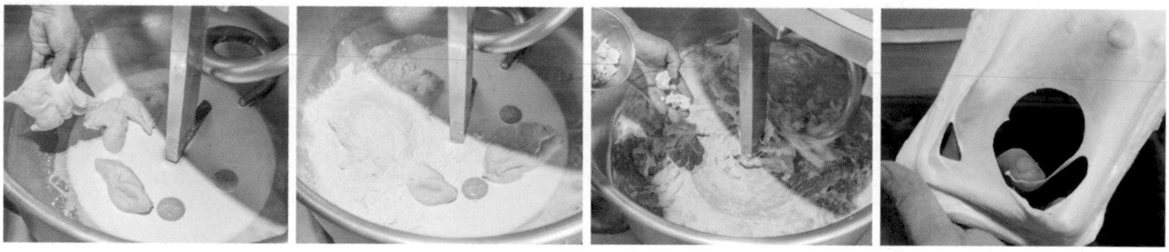

攪拌缸中放入高筋麵粉、細砂糖、鹽、蛋黃、全脂奶粉、動物性鮮奶油、水、新鮮酵母，將隔夜中種撕小塊加入，低速先拌 5 分鐘成團，再轉中速 4 分鐘，可拉出薄膜。

3 

放入無鹽發酵奶油，低速 3 分鐘，再轉中速 4 分鐘，打至可拉出薄膜，**麵團完成溫度 26 ～ 27℃**，基本發酵 40 分鐘（**溫度 30℃／濕度 75 ～ 80%**），取出麵團，分割每個 170 公克，中間發酵 20 分鐘（**溫度 30℃／濕度 75 ～ 80%**）。

4

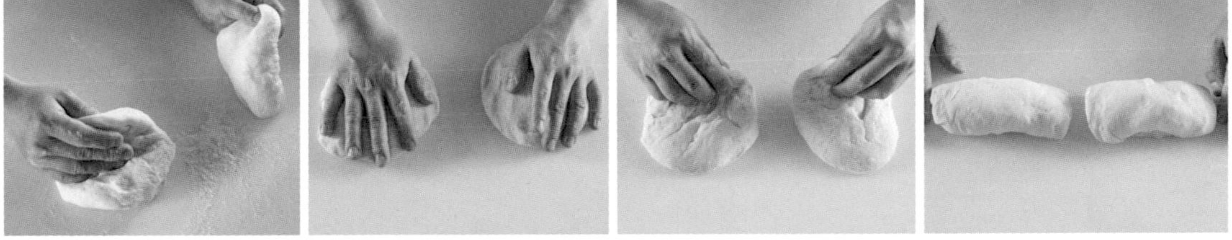

發酵完取出，沾上手粉，輕壓排氣，要確實排氣，折起，搓長成長條狀。

5

輕壓排氣，翻面，轉直，由下往上折三折。

6

滾圓，收口收緊，三個一模，放入吐司模中，最後發酵 60 ～ 70 分鐘（**溫度 30℃／濕度 75 ～ 80%**）。

7

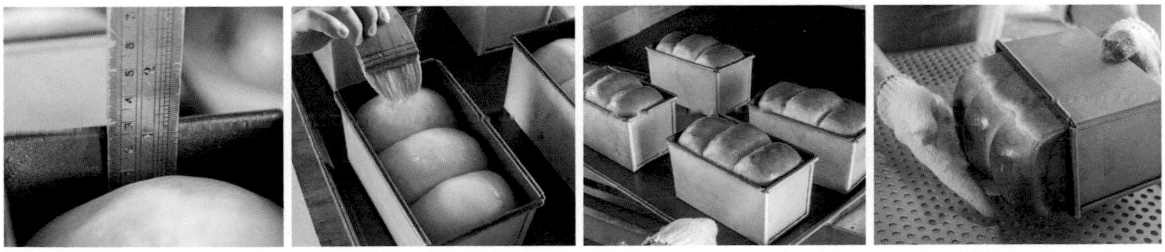

發酵至離吐司模約 3 公分，表面刷上全蛋液，放入烤箱，上下火 170 ／ 240℃，烤焙 30 ～ 32 分鐘，出爐，輕敲脫模完成。

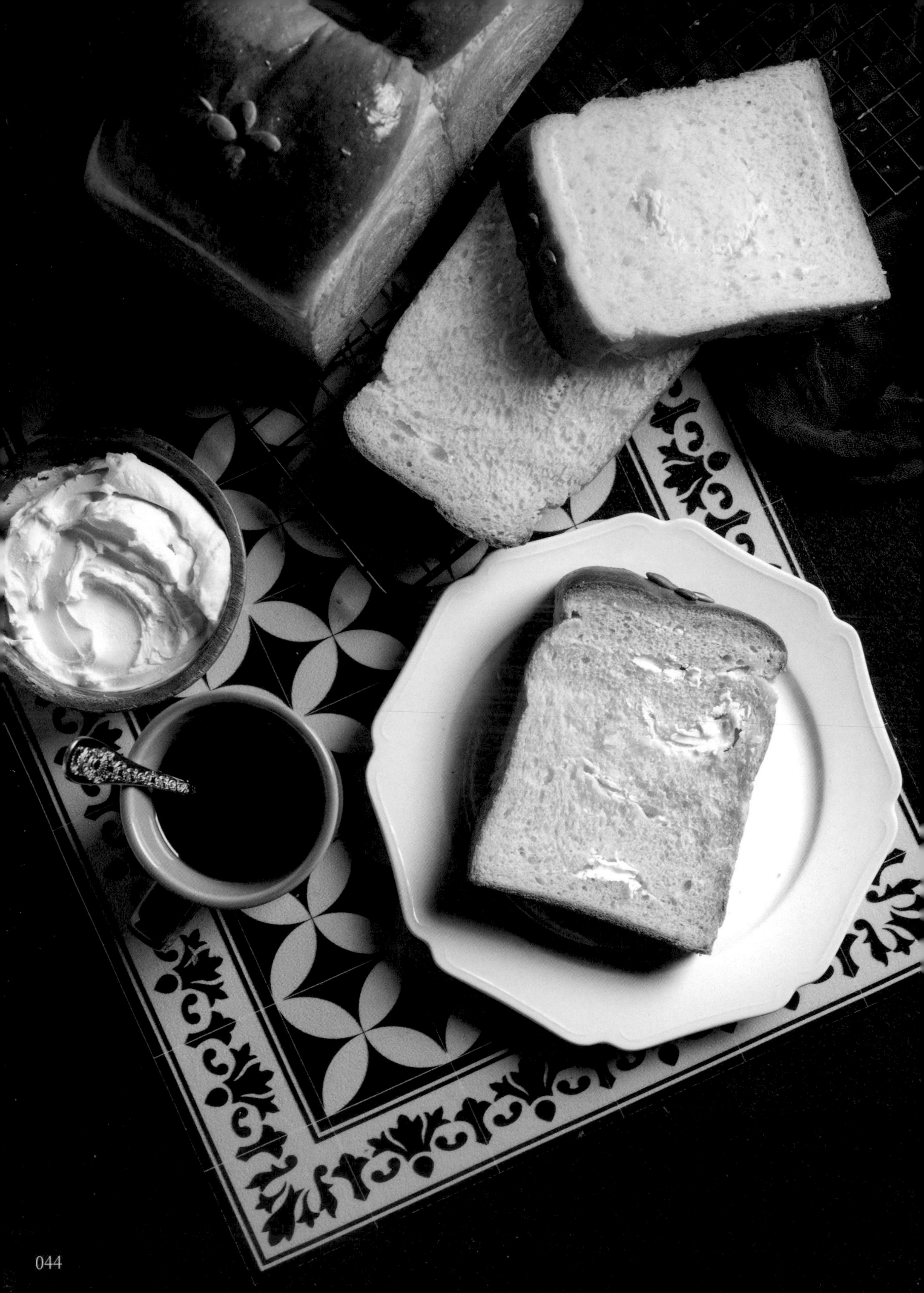

南瓜吐司
Pumpkin toast

260g×8 個（約可做 4 條） | 直接法 | 12 兩吐司模（SN2052）

【製作程序】

攪拌程度	L4M2 下奶油 L3M3
麵團溫度	完成麵團 27℃
基本發酵	60 分鐘翻面 30 分鐘 (30℃、75 ～ 80%)
分割滾圓	260 公克
中間發酵	20 分鐘 (30℃、75 ～ 80%)
整形包餡	奶油乳酪 30 公克 （一條 2 個麵團共包 60 公克）
最後發酵	60 ～ 70 分鐘 (30℃、75 ～ 80%)
烤箱溫度	170 ／ 250℃
烤焙時間	30 ～ 32 分鐘

【材料 (g)】

麵團	
特高筋麵粉	700
高筋麵粉	300
細砂糖	120
鹽	18
全脂奶粉	35
新鮮酵母	30
全蛋	120
水	370
南瓜泥	380
動物性鮮奶油	50
無鹽發酵奶油	80
總計	2203

內餡 / 個	
奶油乳酪	30

表面裝飾 / 個	
全蛋液	適量
南瓜籽	4 個

作法

1 南瓜泥製作：新鮮南瓜去籽去皮切塊、蒸熟，攪拌機用槳狀打成泥狀，冷卻備用。

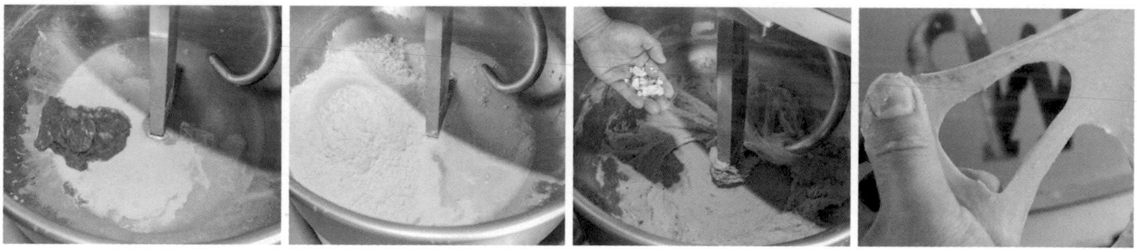

2 攪拌缸中放入特高筋麵粉、高筋麵粉、細砂糖、鹽、全脂奶粉、全蛋、水、南瓜泥、動物性鮮奶油、新鮮酵母，低速先拌 4 分鐘成團，再轉中速 2 分鐘，可拉出薄膜。

3 放入無鹽發酵奶油，低速 3 分鐘，再轉中速 3 分鐘，打至可拉出薄膜，**麵團完成溫度 27℃**，基本發酵 60 分鐘（**溫度 30℃／濕度 75 ～ 80%**），翻面排氣三折兩次，再發酵 30 分鐘（**溫度 30℃／濕度 75 ～ 80%**）。

4

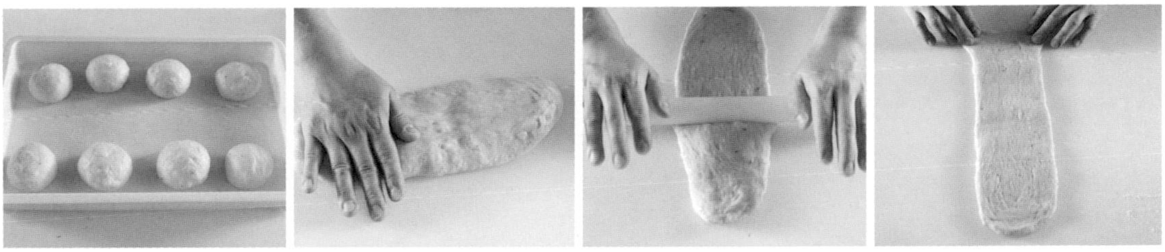

取出麵團，分割每個 260 公克，中間發酵 20 分鐘（**溫度 30℃／濕度 75 ～ 80%**），發酵完取出，沾上手粉，轉橫向，搓長成長條狀，輕壓排氣，翻面，轉直擀長約 30 公分長，翻面，最尾端輕壓扁。

5

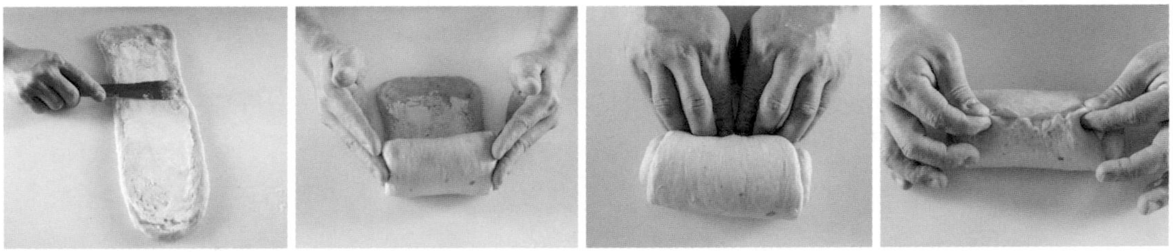

抹上奶油乳酪 30 公克，由上往下捲起，確實捲緊捲實，收口捏緊。

6

兩個一模，放入吐司模中，最後發酵 60 ～ 70 分鐘（**溫度 30℃／濕度 75 ～ 80%**），發酵至離吐司模約 4 公分，表面刷上**全蛋液**，放上南瓜籽，放入烤箱，上下火 170 ／ 250℃，烤焙 30 ～ 32 分鐘，出爐，輕敲脫模完成。

南瓜栗子餐包

Pumpkin chestnut bun

50g×44 個

直接法

【製作程序】

攪拌程度	L4M2 下奶油 L3M3
麵團溫度	完成麵團 27℃
基本發酵	60 分鐘翻面 30 分鐘（30℃、75～80%）
分割滾圓	50 公克
中間發酵	15 分鐘（30℃、75～80%）
整形包餡	栗子餡 40 公克
最後發酵	50 分鐘（30℃、75～80%）
烤箱溫度	200 ／ 180℃
烤焙時間	13～14 分鐘

【材料 (g)】

麵團	
特高筋麵粉	700
高筋麵粉	300
細砂糖	120
鹽	18
全脂奶粉	35
新鮮酵母	30
全蛋	120
水	370
南瓜泥	380
動物性鮮奶油	50
無鹽發酵奶油	80
總計	2203

栗子餡（44 個）	
含糖栗子醬	1325
動物性鮮奶油	398
蘭姆酒	53

表面裝飾 / 個	
核桃	44 個
全蛋液	適量

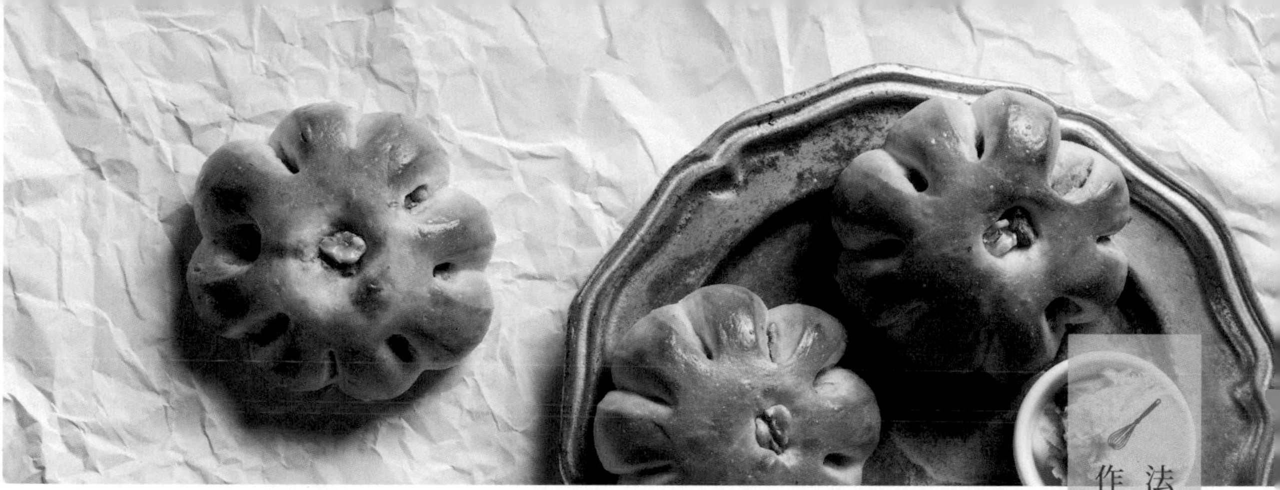

作法

1 栗子餡：含糖栗子醬、動物性鮮奶油、蘭姆酒混合拌勻，備用，冷藏保存可放 10 天。

2 麵團：作法參考 **P.046** 南瓜吐司的【作法 1 ～ 3】。

3

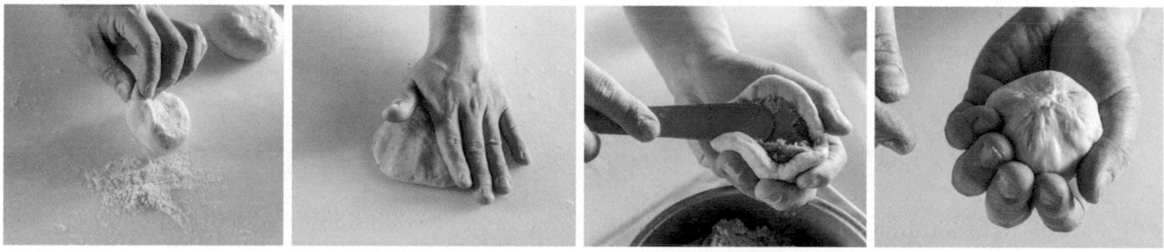

取出麵團，分割每個 50 公克，中間發酵 15 分鐘（**溫度 30℃／濕度 75 ～ 80%**），發酵完取出，沾上手粉，輕壓排氣，包入栗子餡 40 公克，收口收緊。

4

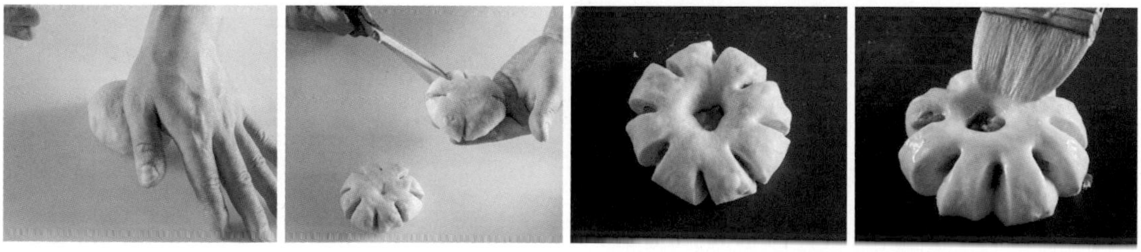

輕壓麵團，用剪刀平均剪八刀，不剪斷，中間塞一顆核桃，往下壓，最後發酵 50 分鐘（**溫度 30℃／濕度 75 ～ 80%**），表面刷上全蛋液，放入烤箱，上下火 200 ／ 180℃，烤焙 13 ～ 14 分鐘，出爐，完成。

PART II

軟歐

Soft Artisan Bread

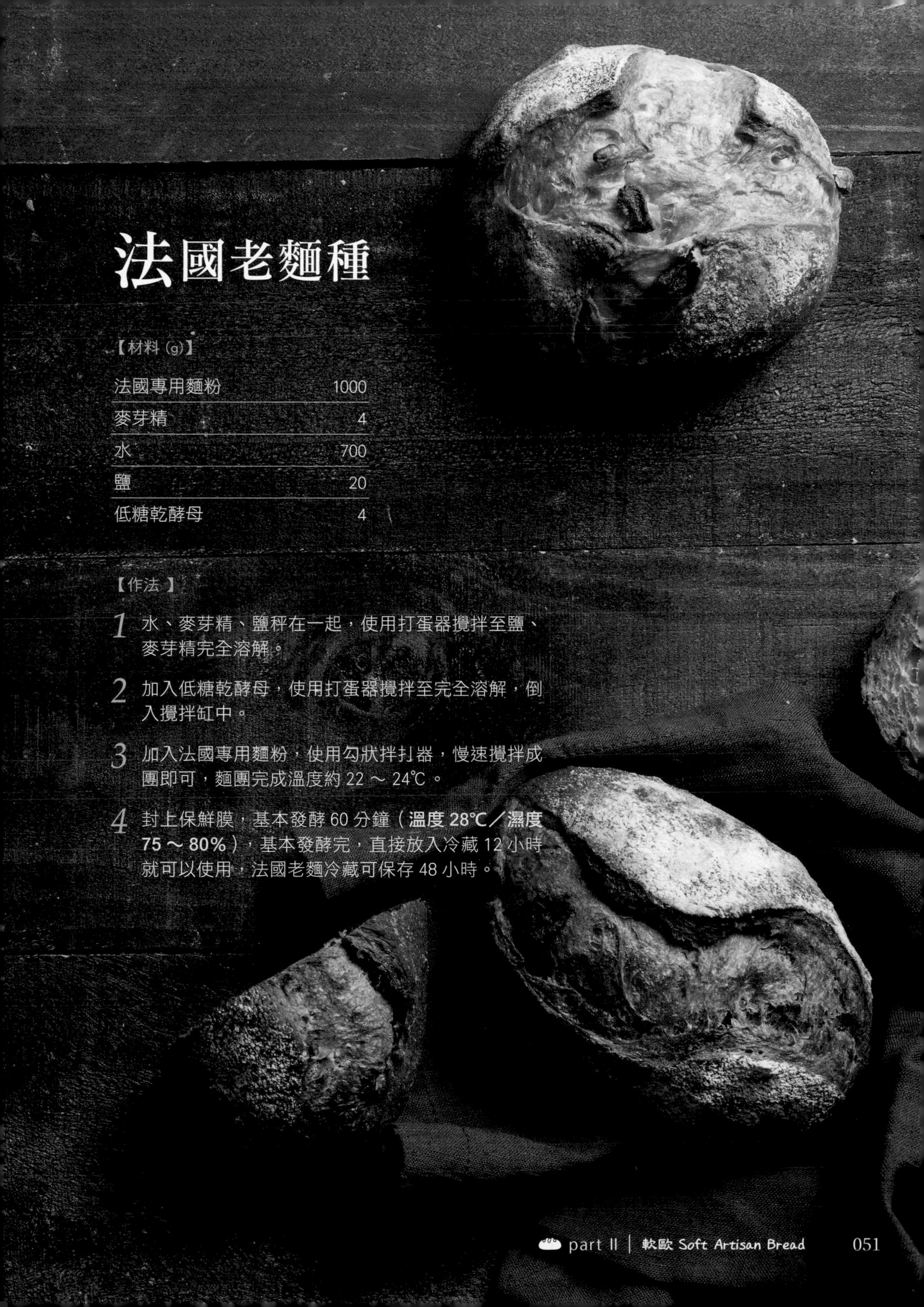

法國老麵種

【材料 (g)】

法國專用麵粉	1000
麥芽精	4
水	700
鹽	20
低糖乾酵母	4

【作法】

1. 水、麥芽精、鹽秤在一起，使用打蛋器攪拌至鹽、麥芽精完全溶解。
2. 加入低糖乾酵母，使用打蛋器攪拌至完全溶解，倒入攪拌缸中。
3. 加入法國專用麵粉，使用勾狀拌打器，慢速攪拌成團即可，麵團完成溫度約 22 ～ 24℃。
4. 封上保鮮膜，基本發酵 60 分鐘（**溫度 28℃／濕度 75 ～ 80%**），基本發酵完，直接放入冷藏 12 小時就可以使用，法國老麵冷藏可保存 48 小時。

蔓越莓乳酪軟包

Cranberry cheese soft bread

200g × 10 個 | 直接法

【製作程序】

攪拌程度	L5M3 下奶油 L3M5 下果乾 L2
麵團溫度	完成麵團 26℃
基本發酵	60 分鐘（30℃、75 ～ 80%）
分割滾圓	200 公克
中間發酵	30 分鐘（30℃、75 ～ 80%）
整形包餡	奶油乳酪 30 公克
最後發酵	50 分鐘（30℃、75 ～ 80%）
烤箱溫度	150 ／ 210℃
烤焙時間	24 ～ 25 分鐘
蒸氣時間	3 秒

【材料 (g)】

麵團	
特高筋麵粉	500
高筋麵粉	500
鹽	20
全脂奶粉	30
新鮮酵母	30
蜂蜜	30
無鹽發酵奶油	60
法國老麵	150
水	660
泡好後瀝乾的蔓越莓果乾	200
總計	2180

※ 法國老麵種配方與做法，請參考 P.051。

內餡	
奶油乳酪	300

果乾	
蔓越莓果乾	200
蘭姆酒或紅酒	40

表面裝飾	
玉米粉	適量
無鹽發酵奶油	適量

作法

果乾

1 蔓越莓果乾浸泡蘭姆酒或紅酒，冷藏一晚，使用前瀝乾水分，冷藏保存可放 6 個月。

麵團

2

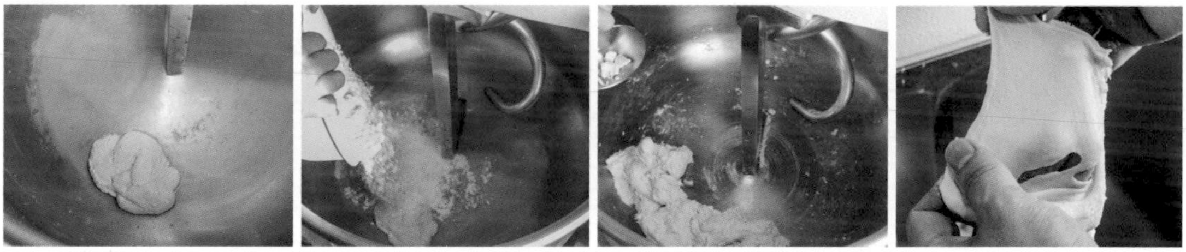

攪拌缸中放入特高筋麵粉、高筋麵粉、鹽、全脂奶粉、蜂蜜、法國老麵、水、新鮮酵母，低速 5 分鐘拌勻成團，再轉中速 3 分鐘，打至可拉出薄膜。

3

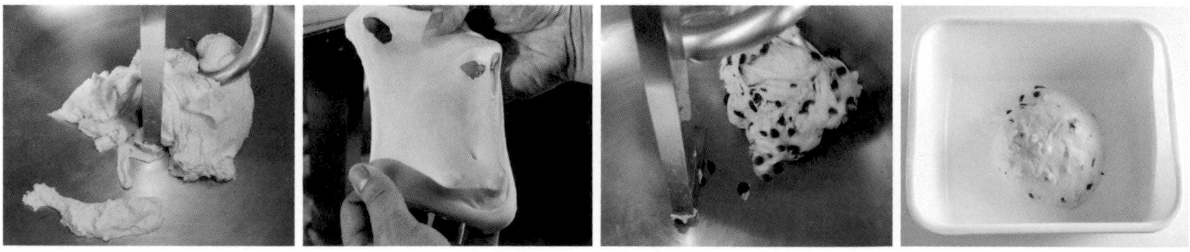

加入無鹽發酵奶油，低速 3 分鐘，再轉中速 5 分鐘，加入泡好後瀝乾的蔓越莓果乾，低速 2 分鐘攪拌均勻，**麵團完成溫度 26℃**，基本發酵 60 分鐘（**溫度 30℃／濕度 75 ～ 80%**）。

4

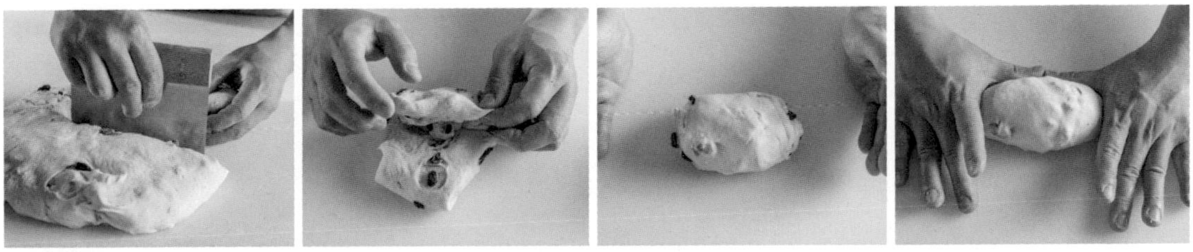

麵團取出分割每個 200 公克，整形成橢圓狀，中間發酵 30 分鐘（**溫度 30℃／濕度 75～80%**）。

5

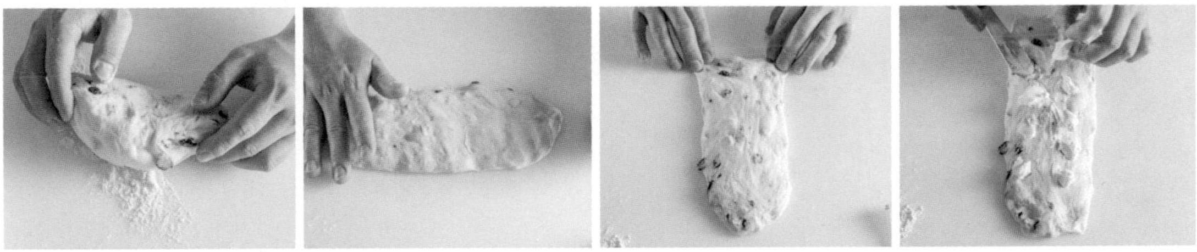

發酵完取出，沾上手粉，轉橫向，搓長成長條狀，輕壓排氣，翻面，轉直整理成約 30 公分長，翻面，最尾端輕壓扁，平均分八個點抹上奶油乳酪 30 公克，尾端預留約 4 公分。

6

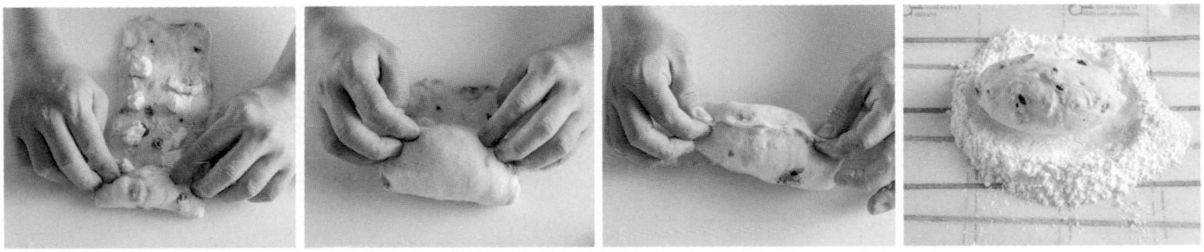

由上往下捲起，確實捲緊捲實，收口捏緊，將形狀整理成橄欖球狀，其中一面沾上玉米粉，放在烤盤上，最後發酵 50 分鐘（**溫度 30℃／濕度 75～80%**）。

7

發酵好後，用小刀從中間割開，深度約 0.5 公分，將無鹽發酵奶油裝入擠花袋中，剪約 0.5 公分開口，擠一條在割開的地方，放入烤箱，上下火 150 ／ 210℃，噴蒸氣 3 秒，烤焙 24 ～ 25 分鐘，出爐，完成。

of ambient music
no conjured the
lt did more than
poser Erik Satie's
litional musical
nosphere. Just
ment, so too can
ng on the stereo
ower soundtrack
our actual food.
at we're ingesting,
les the most
ixed Chex mix;
hard-shell tacos;
ud and proud.
MENU
Amuse-Bouche
Crunch Mix
Cocktail
Moment of Zen Cocktail
Starter
Crispy Salt and Pepper Shrimp with Celery
Main
Hard Shell Potato Tacos
Dessert
Buckwheat Orange Florentines

雙重乳酪軟包

Double cheese soft artisan bread

200g×9 個 | 直接法

【製作程序】

攪拌程度	L5M3 下奶油 L3M5
麵團溫度	完成麵團 26℃
基本發酵	60 分鐘（30℃、75～80%）
分割滾圓	200 公克
中間發酵	30 分鐘（30℃、75～80%）
整形包餡	乳酪丁 30 公克
最後發酵	50 分鐘（30℃、75～80%）
烤箱溫度	150 ／ 220℃
烤焙時間	24～25 分鐘
蒸氣時間	3 秒

【材料（g）】

麵團	
特高筋麵粉	500
高筋麵粉	500
鹽	20
全脂奶粉	30
新鮮酵母	30
蜂蜜	30
無鹽發酵奶油	60
法國老麵	150
水	660
總計	1980

※ 法國老麵種配方與做法，請參考 P.051。

內餡	
乳酪丁	270

表面裝飾／個	
無鹽發酵奶油	適量
乳酪絲	20

作法

1

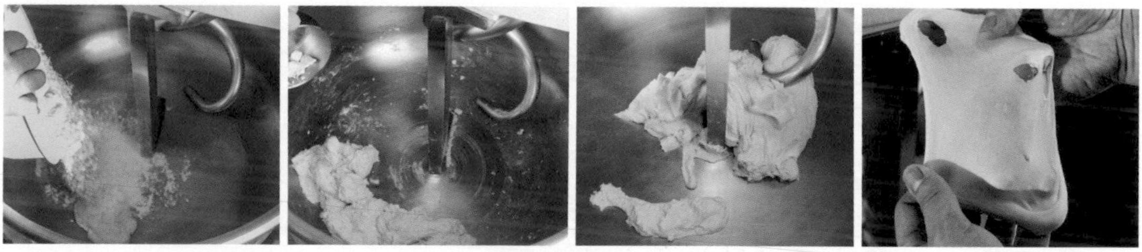

攪拌缸中放入特高筋麵粉、高筋麵粉、鹽、全脂奶粉、蜂蜜、法國老麵、水、新鮮酵母，低速 5 分鐘拌勻成團，再轉中速 3 分鐘，加入無鹽發酵奶油，低速 3 分鐘，再轉中速 5 分鐘，打至可拉出薄膜，**麵團完成溫度 26℃**，基本發酵 60 分鐘（**溫度 30℃／濕度 75 ～ 80%**）。

2

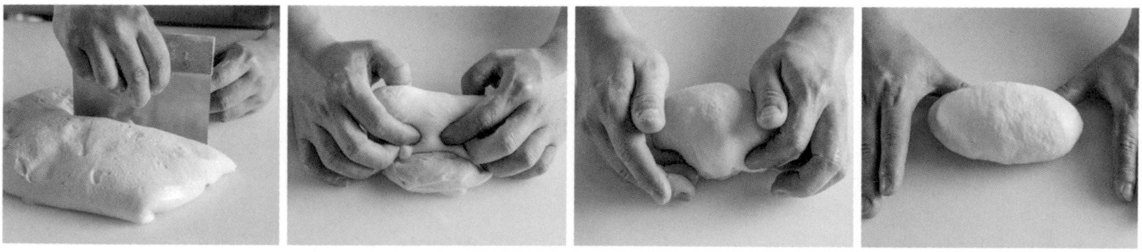

麵團取出分割每個 200 公克，整形成橢圓狀，中間發酵 30 分鐘（**溫度 30℃／濕度 75 ～ 80%**）。

3

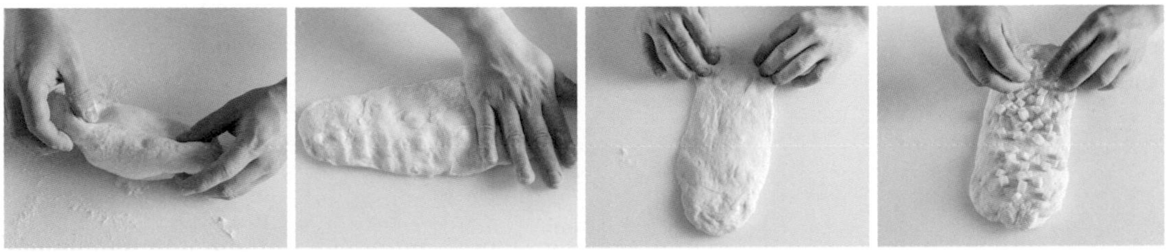

發酵完取出，沾上手粉，轉橫向，搓長成長條狀，輕壓排氣，翻面，轉直整理成約 30 公分長，翻面，最尾端輕壓扁，鋪上乳酪丁 30 公克，尾端預留約 3 公分。

4

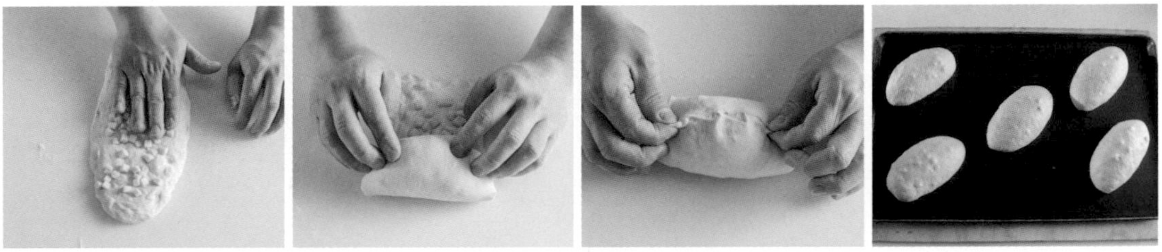

輕壓將乳酪丁壓入麵團中，由上往下捲起，確實捲緊捲實，收口捏緊，將形狀整理成橄欖球狀，放在烤盤上，最後發酵 50 分鐘（**溫度 30℃／濕度 75 ～ 80%**）。

5

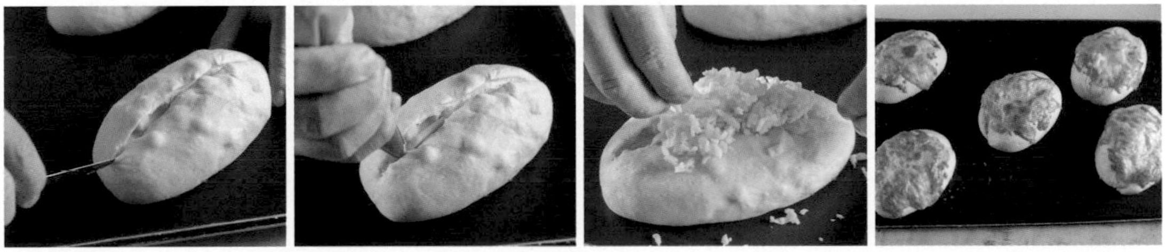

發酵好後，用小刀從中間割開，深度約 0.5 公分，將無鹽發酵奶油裝入擠花袋中，剪約 0.5 公分開口，擠一條在割開的地方，表面撒上乳酪絲，放入烤箱，上下火 150 ／ 220℃，噴蒸氣 3 秒，烤焙 24 ～ 25 分鐘，出爐，完成。

歐式芒果

Mango Soft artisan bread

200g×12 個 | 直接法

【製作程序】

攪拌程度	L4M5 下奶油 L3M4 下果乾 L2
麵團溫度	完成麵團 26℃
基本發酵	30 分鐘翻面 30 分鐘（30℃、75～80%）
分割滾圓	200 公克
中間發酵	30 分鐘（30℃、75～80%）
整　　形	排氣整圓
最後發酵	50 分鐘（30℃、75～80%）
烤箱溫度	200／180℃
烤焙時間	21～22 分鐘
蒸氣時間	3 秒

【材料（g)】

麵團	
特高筋麵粉	600
法國專用麵粉	400
新鮮酵母	30
細砂糖	70
鹽	16
全蛋	120
水	560
法國老麵	300
無鹽發酵奶油	60
泡好後瀝乾的芒果乾	250
烤熟 1/8 核桃	150
總計	2556

※ 法國老麵種配方與做法，請參考 P.051。

果乾	
芒果乾	250
蘭姆酒	50

表面裝飾	
無鹽發酵奶油	適量
裸麥粉	適量

作法

烤核桃

1 1/8 核桃沖洗乾淨，瀝乾水分，放入烤箱，上下火 170／170℃，烤約 10～12 分鐘，冷卻備用。

果乾

2 芒果乾浸泡蘭姆酒，冷藏一晚，使用前瀝乾備用，冷藏可保存 6 個月。

麵團

3

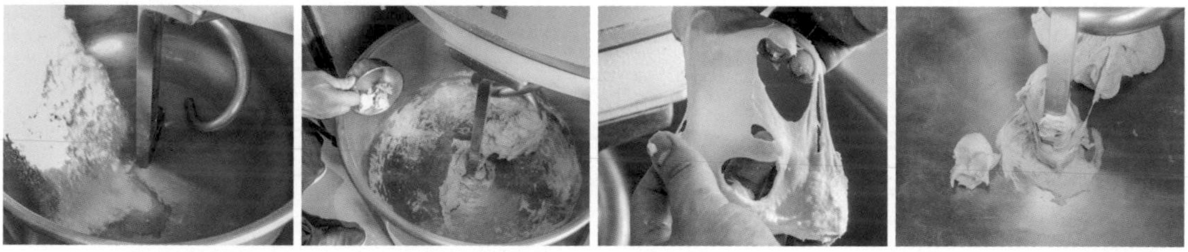

攪拌缸中放入特高筋麵粉、法國專用麵粉、細砂糖、鹽、全蛋、水、法國老麵、新鮮酵母，低速 4 分鐘拌勻成團，再轉中速 5 分鐘，可拉出薄膜，加入無鹽發酵奶油，低速 3 分鐘，再轉中速 4 分鐘。

4

打至可拉出薄膜，加入烤熟 1/8 核桃、泡好後瀝乾的芒果乾，低速 2 分鐘拌勻，**麵團完成溫度 26℃**，基本發酵 30 分鐘（**溫度 30℃／濕度 75～80%**），翻面三折兩次，再發酵 30 分鐘（**溫度 30℃／濕度 75～80%**）。

5

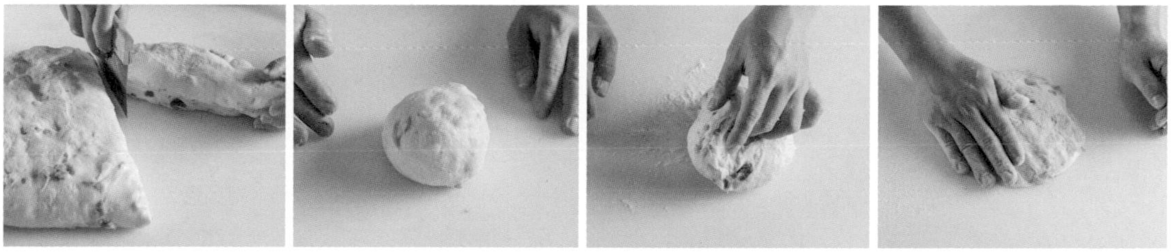

麵團取出分割每個 200 公克，整形成橢圓狀，中間發酵 30 分鐘（**溫度 30℃／濕度 75 ～ 80%**）。發酵完取出，沾上手粉，輕壓排氣。

6

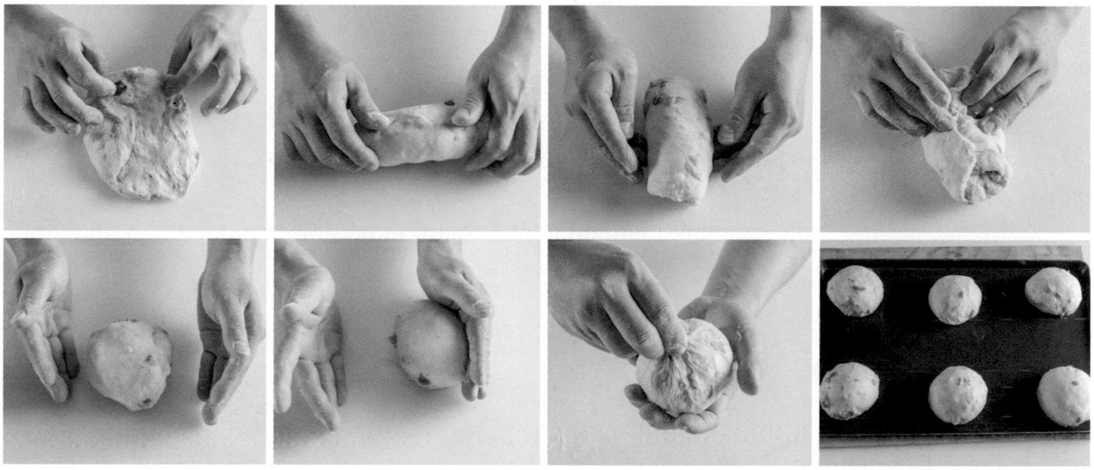

翻面，上下端往內折，搓成長條狀，轉直折口向上，上下端往內折；再翻面，滾圓，收口捏緊，放在烤盤上，最後發酵 50 分鐘（**溫度 30℃／濕度 75 ～ 80%**）。

7

發酵好後，表面撒上裸麥粉，用小刀從中間割開，割出十字，深度約 0.5 公分，將無鹽發酵奶油裝入擠花袋中，剪約 0.5 公分開口，擠在割開的地方，放入烤箱，上下火 200 ／ 180℃，噴蒸氣 3 秒，烤焙 21 ～ 22 分鐘，出爐，完成。

酸種裸麥莓乾麵包

Sourdough rye dried berries bread

200g × 11 個 | 液種法

【製作程序】

液種	
麵團溫度	完成麵團 24℃
基本發酵	3 小時 （28 ～ 30℃、70 ～ 80%）
冷藏靜置	12 小時（不超過 16 小時）

本種	
攪拌程度	L5M6 ～ 7 下果乾 L2
麵團溫度	完成麵團 25℃
基本發酵	60 分鐘（30℃、75 ～ 80%）
分割滾圓	200 公克
中間發酵	30 分鐘（30℃、75 ～ 80%）
整　　形	排氣滾圓
最後發酵	50 分鐘（30℃、75 ～ 80%）
烤箱溫度	220 ／ 200℃
烤焙時間	24 ～ 25 分鐘
蒸氣時間	3 秒

【材料（g）】

液種	
裸麥粉	300
水（18℃）	300
新鮮酵母	3
本種	
法國麵包粉	500
特高筋麵粉	200
新鮮酵母	22
鹽	21
水	400
泡好後瀝乾的草莓果乾	350
烤熟 1/2 夏威夷豆	200
總計	2296

果乾	
草莓果乾	350
蘭姆酒或紅酒	70

表面裝飾	
裸麥粉	適量

作法

烤夏威夷果

1 1/2 夏威夷果放入烤箱，上下火 170 ／ 170℃，烤約 5 ～ 7 分鐘，冷卻備用。

液種

2 新鮮酵母加水，先拌勻至酵母溶解，放入攪拌缸中加入裸麥粉，低速拌勻，**麵團完成溫度 24℃**，基本發酵 3 小時（溫度 28 ～ 30℃／濕度 70 ～ 80%），冷藏 12 小時，不超過 16 小時，隔天回溫至中心溫度 15℃，不超過 18℃。

果乾

3 草莓果乾浸泡蘭姆酒或紅酒，冷藏一晚，使用前瀝乾備用，冷藏可保存 6 個月。

本種

4

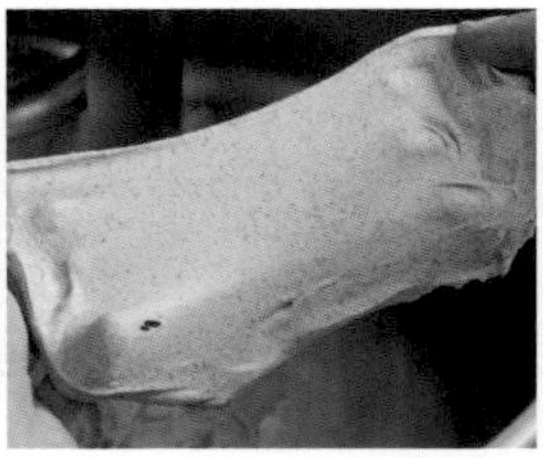

攪拌缸中放入隔夜液種、法國麵包粉、特高筋麵粉、新鮮酵母、鹽、水，低速先拌 5 分鐘，轉中速 6 ～ 7 分鐘，可拉出薄膜，放入浸泡後瀝乾的草莓果乾、烤熟 1/2 夏威夷豆，低速 2 分鐘拌勻，**麵團完成溫度 25℃**，基本發酵 60 分鐘（**溫度 30℃／濕度 75 ～ 80%**）。

5

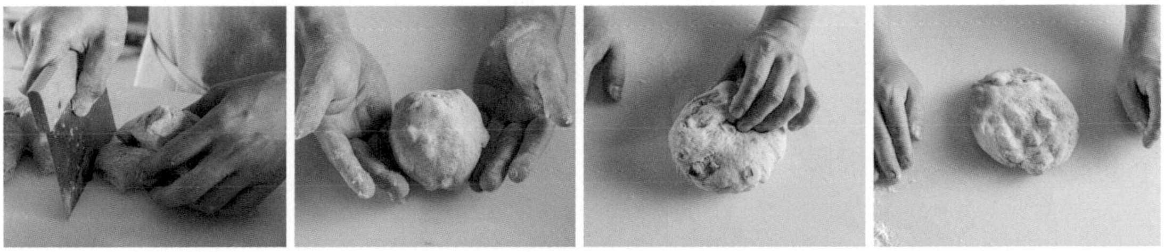

麵團取出分割每個 200 公克，整形成圓球狀，中間發酵 30 分鐘（**溫度 30℃／濕度 75～80%**）。發酵完取出，沾上手粉，輕壓排氣。

6

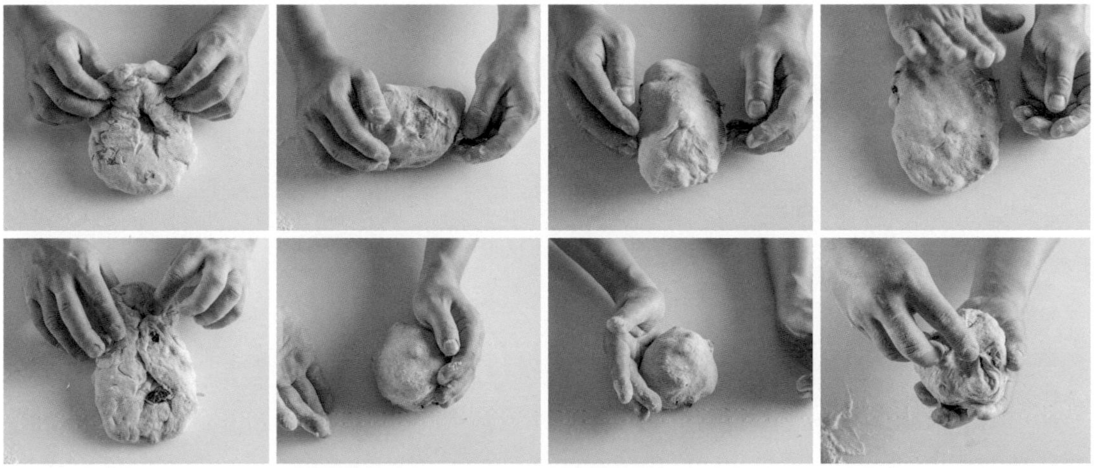

翻面，上下端往內折，搓成長條狀，轉直輕壓排氣；翻面折口向上，上下端往內折，滾圓，收口捏緊，放在烤盤上，最後發酵 50 分鐘（**溫度 30℃／濕度 75～80%**）。

7

發酵好後，撒上裸麥粉，用小刀割出方形，但不連在一起，深度約 0.5 公分，放入烤箱，上下火 220 ／ 200℃，噴蒸氣 3 秒，烤焙 24～25 分鐘，出爐，完成。

紅酒無花果

Wine figs bread

200g×11 個 | 湯種法

【製作程序】

湯種	
攪拌程度	M3
麵團溫度	完成麵團 50℃

本種	
攪拌程度	L4M5 下奶油 L3M3 下果乾 L2
麵團溫度	完成麵團 26℃
基本發酵	60 分鐘翻面 30 分鐘 （30℃、75 ～ 80%）
分割滾圓	200 公克
中間發酵	20 分鐘（30℃、75 ～ 80%）
整形包餡	無花果 40 公克
最後發酵	50 分鐘（30℃、75 ～ 80%）
烤箱溫度	210 ／ 180℃
烤焙時間	24 分鐘
蒸氣時間	3 秒

【材料 (g)】

湯種	
高筋麵粉	100
細砂糖	10
鹽	1
滾水（95℃以上）	90
本種	
法國麵包粉	300
高筋麵粉	500
裸麥粉	200
細砂糖	70
鹽	18
新鮮酵母	30
水	470
紅酒	150
無鹽發酵奶油	80
泡好後瀝乾的葡萄乾	200
總計	2218

葡萄果乾	
葡萄乾	200
蘭姆酒或紅酒	40

無花果乾	
土耳其無花果	600
蘭姆酒或紅酒	120

表面裝飾	
裸麥粉	適量

作法

湯種

1 前一天晚上製作，高筋麵粉、細砂糖、鹽先混合，沖入煮沸滾水（100℃），槳狀拌打器，中速 3 分鐘拌勻，**麵團完成溫度 50℃**，直接放冷藏保存，冷藏 3 天內使用完，冷凍可以放 1 個月，解凍可直接使用。

葡萄果乾、無花果乾

2 葡萄乾浸泡蘭姆酒或紅酒，冷藏一晚，使用前瀝乾備用，冷藏可保存 6 個月。
土耳其無花果先將蒂頭剪掉，再剪成 4 等份，浸泡蘭姆酒或紅酒，冷藏一晚，使用前瀝乾備用，冷藏可保存 6 個月。

本種

3 

攪拌缸中放入湯種、法國麵包粉、高筋麵粉、裸麥粉、細砂糖、鹽、水、紅酒、新鮮酵母，低速先拌 4 分鐘成團，再中速 5 分鐘，打至可拉出薄膜。

4

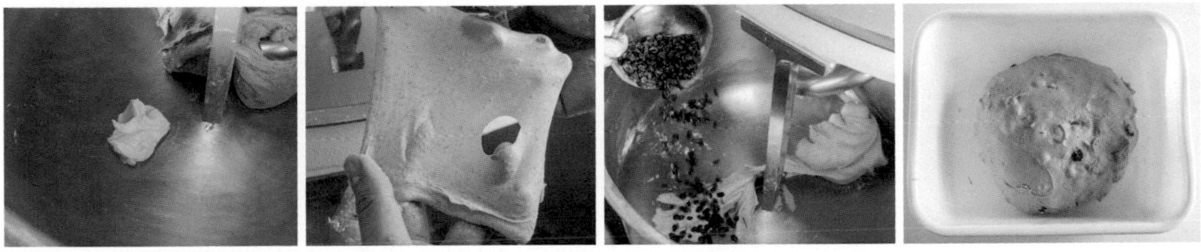

加入無鹽發酵奶油低速 3 分鐘，再轉中速 3 分鐘，放入泡好後瀝乾的葡萄乾，低速 2 分鐘拌勻，**麵團完成溫度 26℃**，基本發酵 60 分鐘（**溫度 30℃／濕度 75 ～ 80%**），翻面三折兩次，再發酵 30 分鐘（**溫度 30℃／濕度 75 ～ 80%**）。

5

麵團取出分割每個 **200 公克**，整形成圓球狀，中間發酵 20 分鐘（**溫度 30℃／濕度 75 ～ 80%**）。發酵完取出，沾上手粉，轉橫向，搓長成長條狀，輕壓排氣。

6

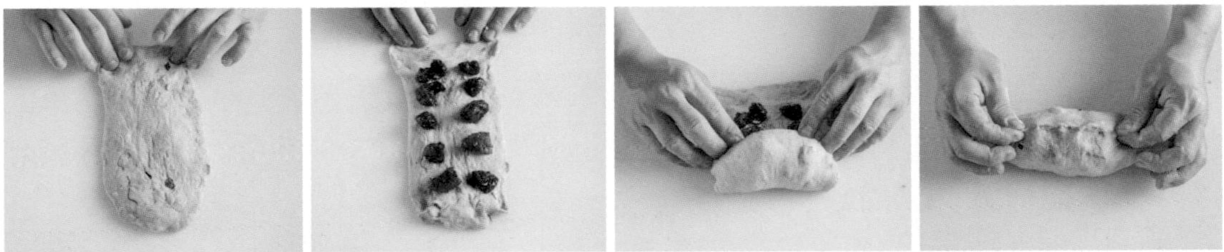

翻面，轉直整理成約 30 公分長，翻面，最尾端輕壓扁，平均鋪上浸泡好瀝乾的無花果乾 40 公克，尾端預留約 4 公分，由上往下捲起，收口捏緊，整形成橄欖狀，放在烤盤上，最後發酵 50 分鐘（**溫度 30℃／濕度 75 ～ 80%**）。

7

發酵好後，撒上裸麥粉，用小刀割出三條線，深度約 0.5 公分，放入烤箱，上下火 210 ／ 180℃，噴蒸氣 3 秒，烤焙 24 分鐘，出爐，完成。

PART III

歐法

French Bread

鄉村裸麥桂圓麵包

Rural rye longan bread

250g×16個 | 老麵法

【製作程序】

攪拌程度	L5M6 下果乾 L2
麵團溫度	完成麵團 24～25℃
基本發酵	45 分鐘翻面 45 分鐘 （30℃、75～80%）
分割滾圓	250 公克
中間發酵	30 分鐘（30℃、75～80%）
整　　形	甜甜圈形狀
最後發酵	50 分鐘（30℃、75～80%）
烤箱溫度	230／200℃
烤焙時間	25～26 分鐘
蒸氣時間	3 秒

【材料（g）】

麵團	
法國專用粉	900
裸麥粉	100
鹽	20
低糖酵母	4
麥芽精	3
水	670
法國老麵	1700
烤熟 1/8 核桃	200
泡好後瀝乾的桂圓乾	400
總計	3997

※ 法國老麵種配方與做法，請參考 P.051。

果乾	
桂圓乾	400
紅酒或蘭姆酒	80

表面裝飾	
裸麥粉	適量

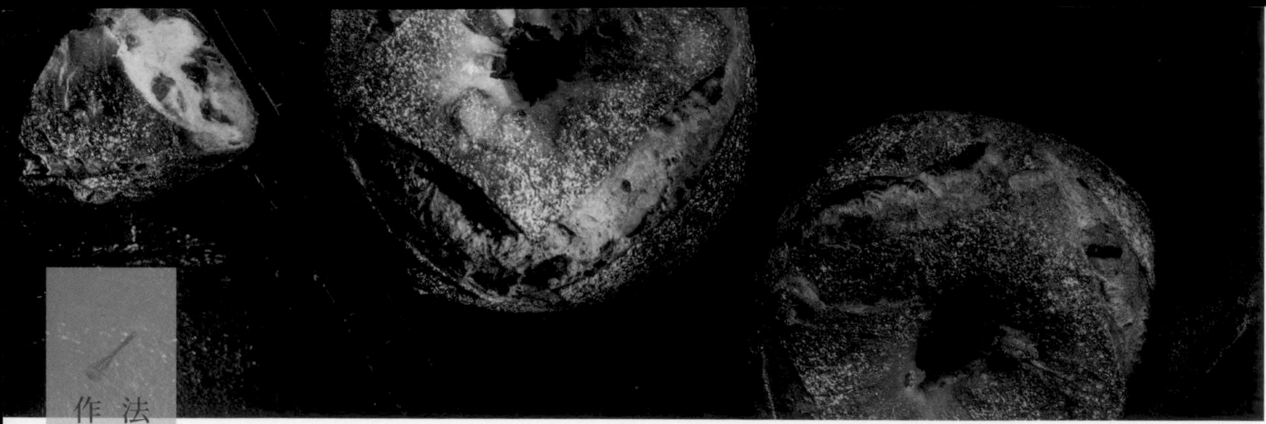

作法

烤核桃

1 1/8 核桃沖洗乾淨，瀝乾水分，放入烤箱，上下火 170／170℃，烤約 10～12 分鐘，冷卻備用。

果乾

2 桂圓乾浸泡紅酒或蘭姆酒，冷藏一晚，使用前瀝乾備用，冷藏可保存 6 個月。

麵團

3

攪拌缸中放入法國專用粉、裸麥粉、麥芽精、水、鹽、法國老麵、低糖酵母，低速先 5 分鐘拌勻成團，再轉中速 6 分鐘，打至可拉出薄膜。

4

加入烤熟 1/8 核桃、浸泡後瀝乾的桂圓乾低速 2 分鐘拌勻，**麵團完成溫度 24 ～ 25℃**，基本發酵 45 分鐘（**溫度 30℃／濕度 75 ～ 80%**），翻面三折兩次，再發酵 45 分鐘（**溫度 30℃／濕度 75～80%**），麵團取出分割每個 250 公克，整形成圓球狀，中間發酵 30 分鐘（**溫度 30℃／濕度 75 ～ 80%**）。

5

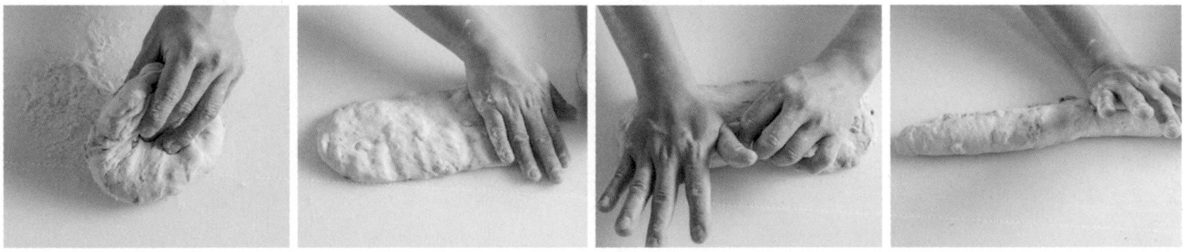

發酵完取出，沾上手粉，拉長成長條狀，轉橫向，輕壓排氣，使用指腹從上方輕壓捲起，成長條狀，邊壓邊捲，捲緊實。

6

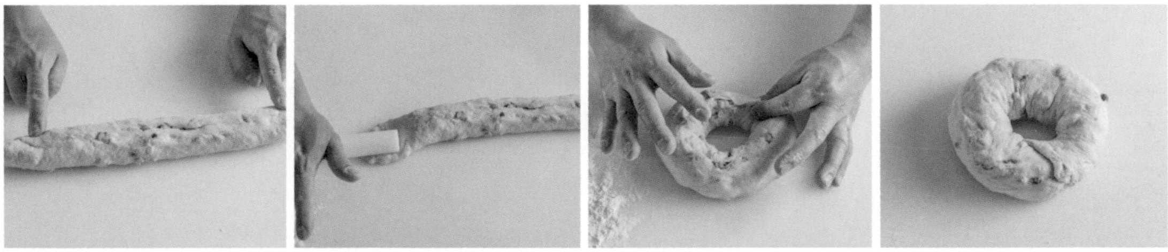

搓長約 30 公分，收口處朝上，壓尾端 10 公分，再用擀麵棍壓扁，寬度約 4 公分，前後端交疊，壓扁的部分包住另一端，收口捏緊，確實包起，完成貝果形狀，放在發酵布上，最後發酵 50 分鐘（**溫度 30℃／濕度 75 ～ 80%**）。

7

發酵好後，將麵團移到進爐器或木板鋪上耐烤油紙，撒上裸麥粉，用小刀割出 4 條線，深度約 0. 5 公分，放入烤箱，上下火 230 ／ 200℃，噴蒸氣 3 秒，烤焙 25 分鐘，出爐，完成。

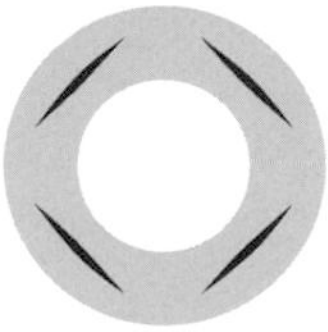

※ 4條線割法

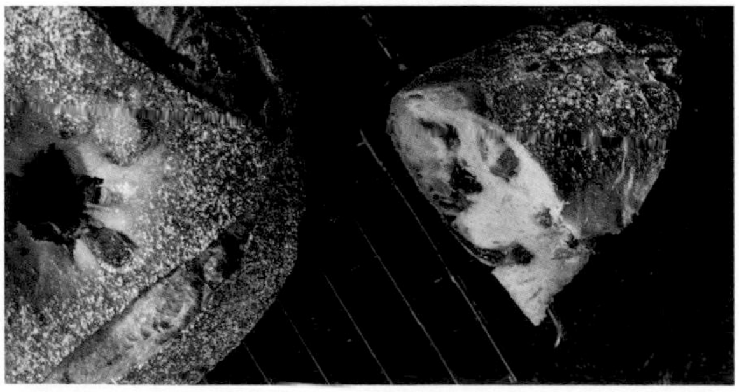

冷藏法國長棍

baguette

250g×6個 | 隔夜冷藏法

【製作程序】

攪拌程度	L2 自我分解 20 分鐘 下酵母 L2 下鹽 L3M30 秒～ 1 分鐘
麵團溫度	完成麵團 22 ～ 23℃
基本發酵	30 分鐘翻面 30 分鐘 （30℃、75 ～ 80%） 發酵完後直接冷藏 隔天取出 回溫至中心溫度 16 ～ 18℃ 再進行分割
分割滾圓	250 公克
中間發酵	**20 分鐘 (30℃、75 ～ 80%）**
整　　形	40 公分長棍狀
最後發酵	45 ～ 50 分鐘 （30℃、75 ～ 80%）
烤箱溫度	240 ／ 230℃ 、10 分鐘 240 ／ 210℃ 、14 ～ 15 分鐘
烤焙時間	總共烤 24 ～ 25 分鐘
蒸氣時間	3 秒

【材料 (g)】

法國專用粉	800
特高筋麵粉	200
低糖酵母	1
麥芽精	2
鹽	21
水	700
總計	1724

作法

1

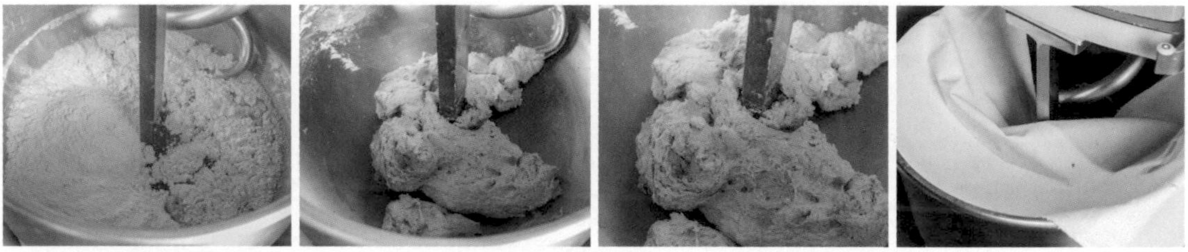

攪拌缸中放入法國專用粉、特高筋麵粉、麥芽精、水，低速先拌 2 分鐘成團，蓋上布，自我分解 20 分鐘。

2

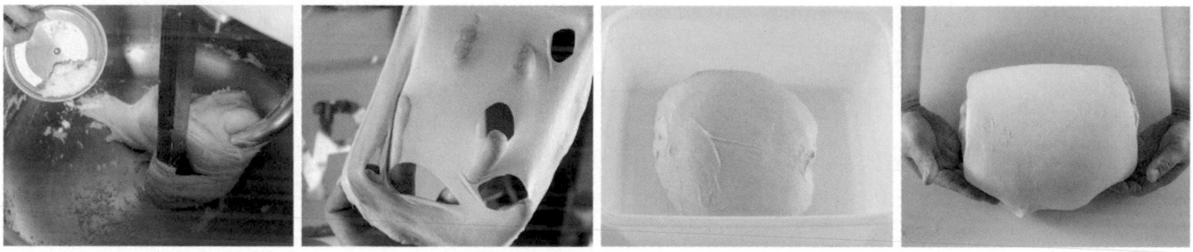

加入低糖先低速 2 分鐘拌勻，加入鹽低速 3 分鐘拌勻，再轉中速 30 秒～1 分鐘，**麵團完成**溫度 22～23℃，基本發酵 30 分鐘（**溫度 30℃／濕度 75～80%**），翻面三折兩次，再發酵 30 分鐘（**溫度 30℃／濕度 75～80%**），冷藏 1 晚上，不超過 24 小時。

3

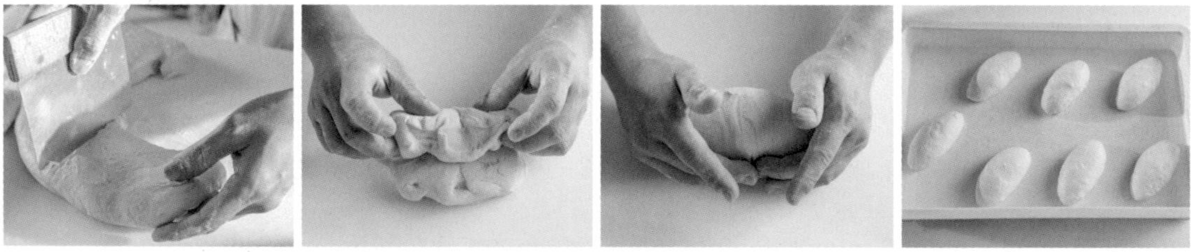

回溫至 16～18℃，分割每個 250 公克，三折捲起，整形成橄欖狀，中間發酵 **20 分鐘（溫度 30℃／濕度 75～80%）**。

4

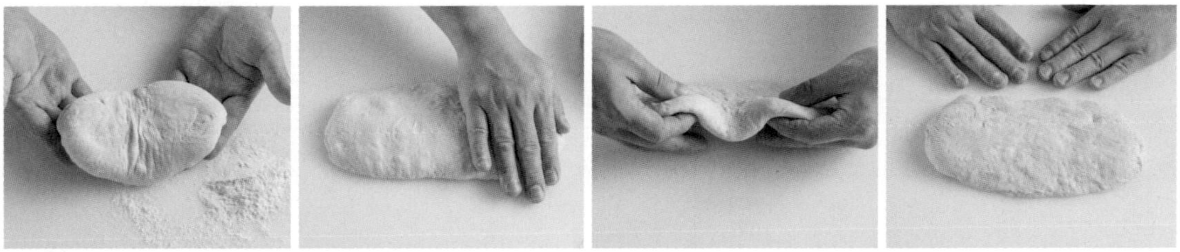

發酵完取出，沾上手粉，拉長成長條狀，轉橫向，輕壓排氣，翻面。

5

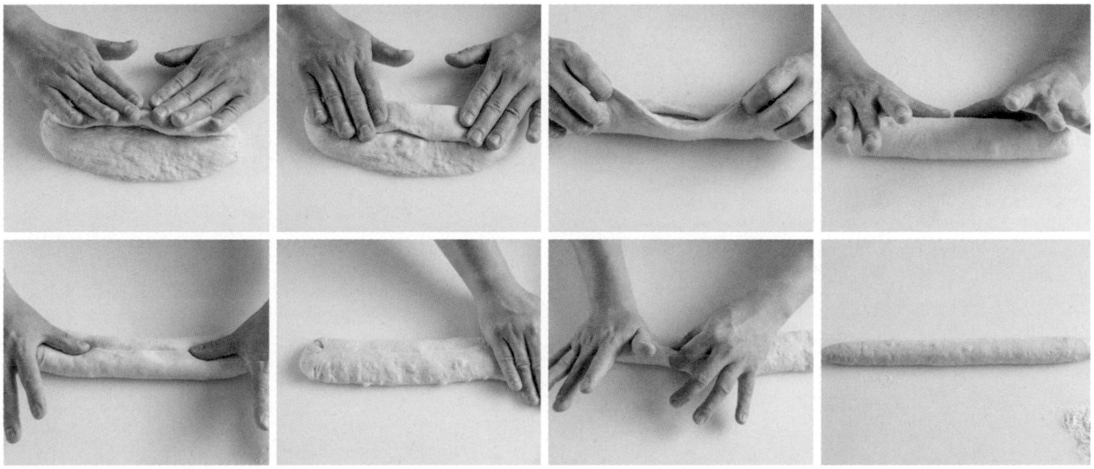

下端先往中間輕壓折起，上端一樣手法往中間折起；用拇指輕壓中間，再一次輕壓排氣，用指腹輔助，捲起，邊捲邊壓成長條狀，再搓長約 40 公分，頭尾搓成稍微尖尖的，放在發酵布上，最後發酵 45～50 分鐘（**溫度 30℃／濕度 75～80%**）。

6

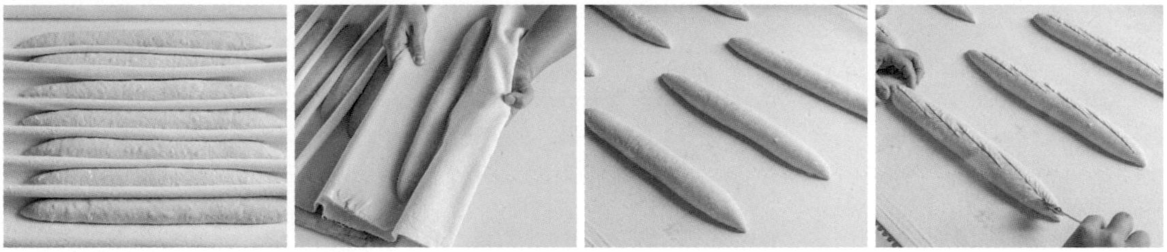

發酵好後，使用木板輔助取出，將麵團移到進爐器或木板鋪上耐烤油紙，用小刀割出斜線，深度約 0.2 公分，放入烤箱，上下火 240／230℃，噴蒸氣 3 秒，先烤 10 分鐘，降下火溫度至 210℃，續烤 14～15 分鐘，總共烤 24～25 分鐘，出爐，完成。

L'ECONOME
INOX FRANCE
L'ECONOME

法國明太子巴塔
Mentaiko baguette

150g×11 個 | 隔夜冷藏法

【製作程序】

攪拌程度	L2 自我分解 20 分鐘 下酵母 L2 下鹽 L3M30 秒～ 1 分鐘
麵團溫度	完成麵團 22 ～ 23℃
基本發酵	30 分鐘翻面 30 分鐘 （30℃、75 ～ 80%） 發酵完後直接冷藏 隔天取出 回溫至中心溫度 16 ～ 18℃ 再進行分割
分割滾圓	150 公克
中間發酵	20 分鐘（30℃、75 ～ 80%）
整　　形	22 公分長棍狀
最後發酵	45 ～ 50 分鐘 （30℃、75 ～ 80%）
烤箱溫度	240 ／ 230℃ 、10 分鐘 240 ／ 210℃ 、8 ～ 10 分鐘
烤焙時間	總共烤 18 ～ 20 分鐘
蒸氣時間	3 秒

【材料 (g)】

麵團	
法國專用粉	800
特高筋麵粉	200
低糖酵母	1
麥芽精	2
鹽	21
水	700
總計	1724

明太子醬	
明太子	180
美乃滋	100
無鹽發酵奶油	200
檸檬汁	10
鹽	2.5

作法

明太子醬

1 明太子醬所有材料混合拌勻，備用。

麵團

2 麵團：作法參考 **P.080** 冷藏法國長棍的【作法 1、2】。

3 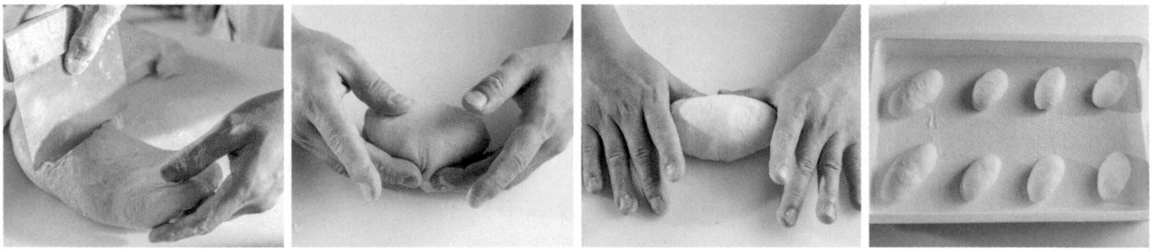

回溫至 18℃，分割每個 150 公克，三折捲起，整形成橄欖狀，中間發酵 **20 分鐘**（**溫度 30℃／濕度 75～80%**）。

4

發酵完取出，轉橫向，沾上手粉，輕壓排氣，翻面，下端先往中間輕壓折起。

5

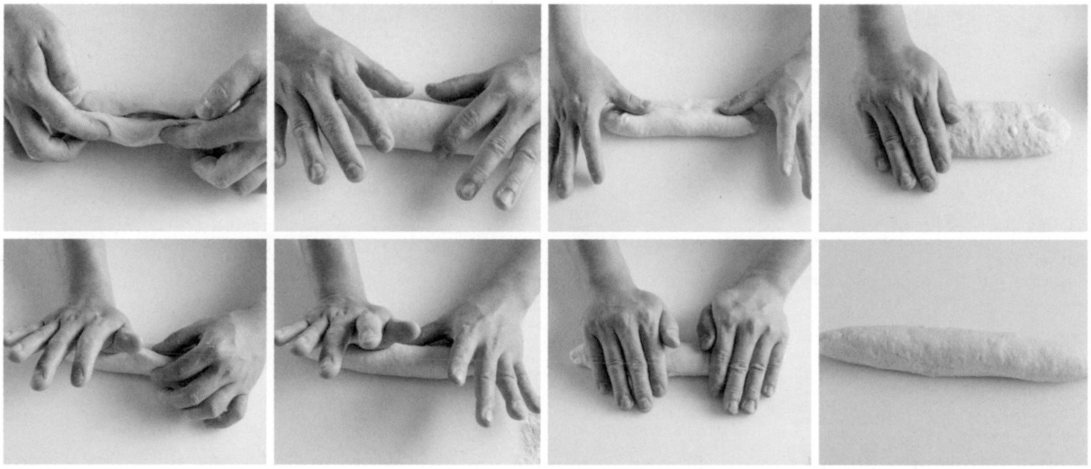

上端一樣手法往中間折起，用拇指輕壓中間，再一次輕壓排氣；用指腹輔助，捲起，邊捲邊壓成長條狀，再搓長約 20 公分，頭尾搓成稍微尖尖的，放在發酵布上，最後發酵 45 ～ 50 分鐘（**溫度 30℃／濕度 75 ～ 80%**）。

6

發酵好後，使用木板輔助取出，將麵團移到進爐器或木板鋪上耐烤油紙，用小刀在中間割一刀，深度約 0.2 公分，放入烤箱，上下火 240 ／ 230℃，先烤 10 分鐘，降下火溫度至 210℃，續烤 8 ～ 10 分鐘，總共烤 18 ～ 20 分鐘，出爐，放涼，橫剖切開，抹上明太子醬，再放入烤箱，上下火 200 ／ 160℃，烤 10 分鐘，出爐，完成。

L'ECONOME

蜂蜜莊園
Honey rye bread

250g×8 個 | 老麵法

【製作程序】

攪拌程度	L2 自我分解 20 分鐘 下酵母、老麵 L2 下鹽 L3M6 ～ 7
麵團溫度	完成麵團 23 ～ 24℃
基本發酵	60 分鐘翻面 30 分鐘 （30℃、75 ～ 80%）
分割滾圓	250 公克
中間發酵	30 分鐘（30℃、75 ～ 80%）
整　　形	圓球狀
最後發酵	40 分鐘 （28 ～ 30℃ 、75 ～ 80% ）
烤箱溫度	230 ／ 160℃
烤焙時間	26 ～ 28 分鐘
蒸氣時間	3 秒

【材料 (g)】

麵團	
法國專用粉	800
特高筋麵粉	200
新鮮酵母	20
鹽	20
麥芽精	3
水	580
老麵	300
蜂蜜	220
總計	2143

※ 法國老麵種配方與做法，請參考 P.051。

表面裝飾	
裸麥粉	適量

作法

1

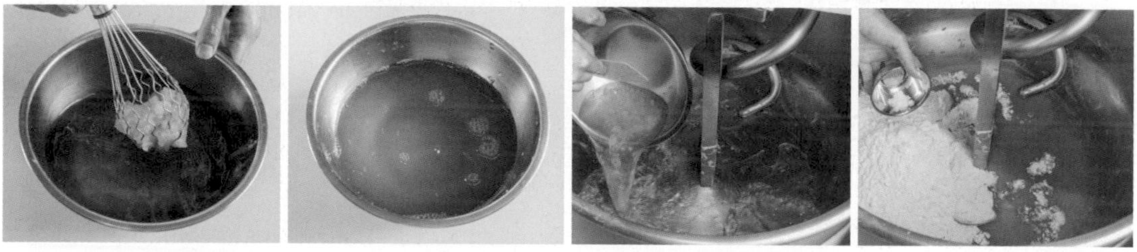

蜂蜜加水先攪拌均勻，再倒入攪拌缸中，加入法國專用粉、麥芽精、特高筋麵粉，低速先拌 2 分鐘成團，蓋上布，自我分解 20 分鐘。

2

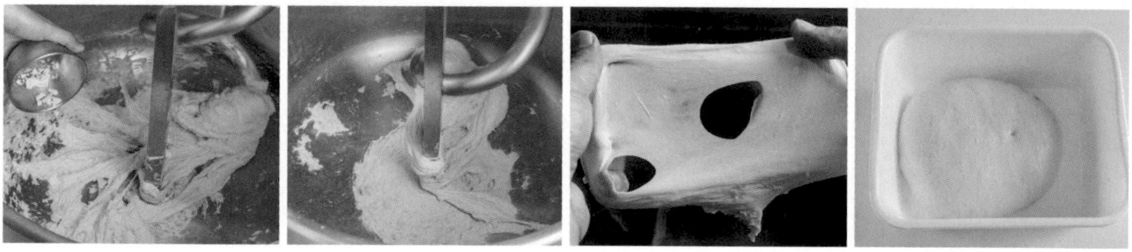

加入新鮮酵母、老麵，低速 2 分鐘拌勻，再加入鹽，低速 3 分鐘拌勻，再轉中速 6 ～ 7 分鐘，打至可拉出薄膜，**麵團完成溫度** 23 ～ 24℃，基本發酵 60 分鐘（**溫度 30℃／濕度 75 ～ 80%**），翻面三折兩次，再發酵 30 分鐘（**溫度 30℃／濕度 75 ～ 80%**）。

3

麵團取出分割每個 250 公克，滾圓，中間發酵 **30 分鐘（溫度 30℃／濕度 75 ～ 80%）**；發酵完取出，沾上手粉，輕壓排氣。

4

翻面，先從左側往內折起（如圖），再從上面往下折起；從四周往同一個點折起，越折越小，再用指腹輔助滾圓，收口收緊，放在發酵布上，最後發酵 40 分鐘（**溫度 28 ～ 30℃／濕度 75 ～ 80%**）。

5

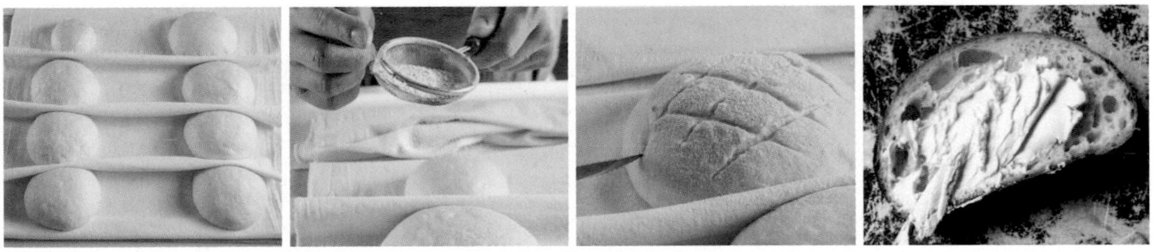

發酵好後，將麵團移到進爐器或木板鋪上耐烤油紙，撒上裸麥粉，用小刀割出線條，深度約 0.2公分，放入烤箱，上下火230／160℃，噴蒸氣3秒，烤26～28分鐘，出爐，放涼後切片，可搭配乳酪抹醬，完成。

全麥果乾

Secale cereale dried fruit

300g×7 個 | 直接法

【製作程序】

攪拌程度	L5M4 加水 M2 下果乾 L2
麵團溫度	完成麵團 23～24℃
基本發酵	60 分鐘翻面 30 分鐘（30℃、75～80%）
分割滾圓	300 公克
中間發酵	20 分鐘（30℃、75～80%）
整　　形	放入發酵籃中
最後發酵	50 分鐘（30℃、75～80%）
烤箱溫度	240 ／ 210℃
烤焙時間	26～27 分鐘
蒸氣時間	3 秒

【材料（g）】

麵團	
法國粉	600
全麥粉	200
特高筋麵粉	200
麥芽精	3
水①	700
新鮮酵母	15
鹽	21
水②	100
烤熟 1/8 核桃	150
泡好後瀝乾的葡萄乾、杏桃乾	300
總計	2289

果乾	
葡萄乾	150
杏桃乾	150
紅酒	60

作法

烤核桃

1 1/8 核桃沖洗乾淨，瀝乾水分，放入烤箱，上下火 170／170℃，烤約 10～12 分鐘，冷卻備用。

果乾

2 葡萄乾、杏桃乾（先用食物剪刀剪對半）、紅酒混合拌勻，冷藏一晚，使用前瀝乾備用，冷藏可保存 6 個月。

麵團

3 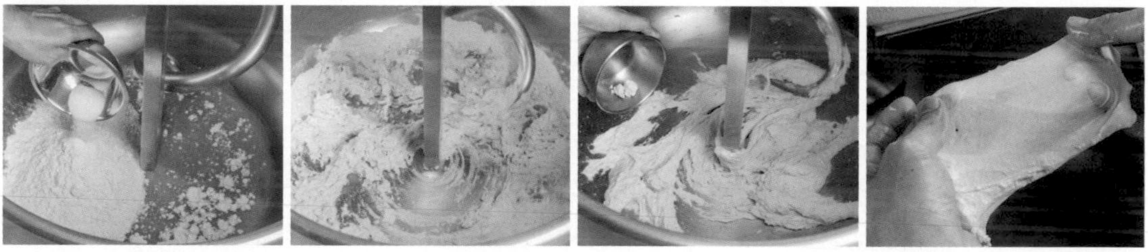

攪拌缸中加入法國粉、全麥粉、特高筋麵粉、麥芽精、水①、鹽、新鮮酵母，低速先拌 5 分鐘成團，中速 4 分鐘，打至可拉出薄膜。

4 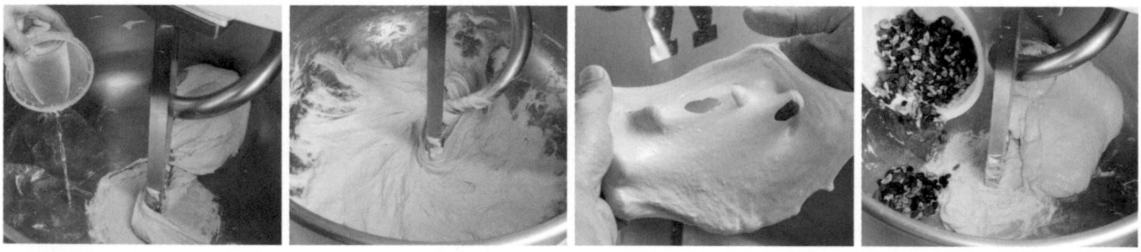

分次加入水②，中速 2 分鐘，可拉出薄膜，再加入烤熟 1/8 核桃、浸泡後瀝乾的葡萄乾、杏桃乾，低速 2 分鐘拌勻，**麵團完成溫度 23～24℃**，基本發酵 60 分鐘（**溫度 30℃／濕度 75～80%**），翻面三折兩次，再發酵 30 分鐘（**溫度 30℃／濕度 75～80%**）。

5

麵團取出分割每個 300 公克，三折折起，滾圓，中間發酵 20 分鐘（**溫度 30℃／濕度 75 ～ 80%**）。

6

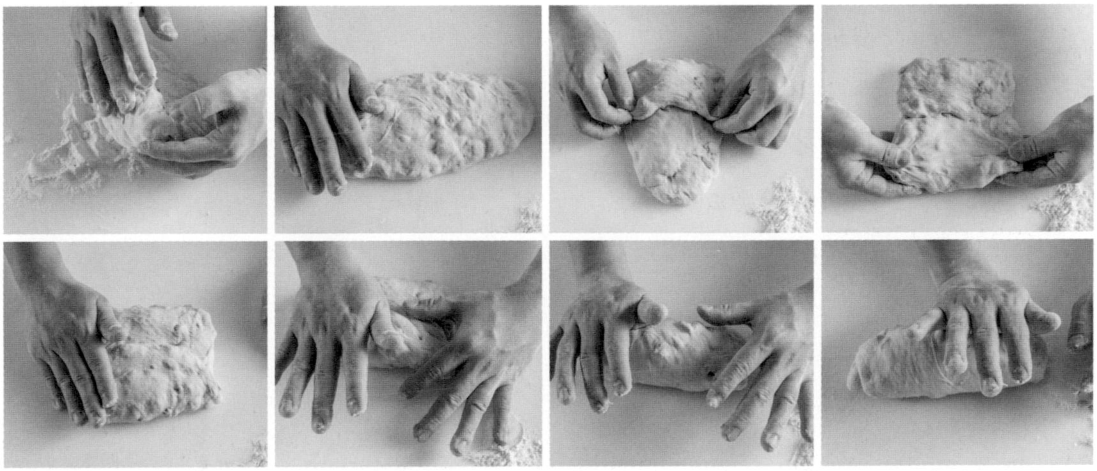

第一種：
發酵完取出，沾上手粉，拉成長條狀，轉橫向輕壓排氣，翻面轉直，下端先往中間輕壓折起，上端一樣手法往中間折起；再一次輕壓排氣，用指腹輔助，捲起，邊捲邊壓成圓柱狀。

7

收口收緊，取橢圓形發酵籃，撒上裸麥粉，將整型好麵團收口朝上放入，最後發酵 50 分鐘（**溫度 30℃／濕度 75 ～ 80%**）。

8

第二種：

發酵完取出，沾上手粉，輕壓排氣，折起，轉直向折痕朝上，從下端往中間輕壓折起，再往上折起；滾圓，收口收緊，取圓形發酵籃，撒上裸麥粉，將整型好麵團收口朝上放入，最後發酵 50 分鐘（**溫度 30℃／濕度 75 ～ 80%**）。

9

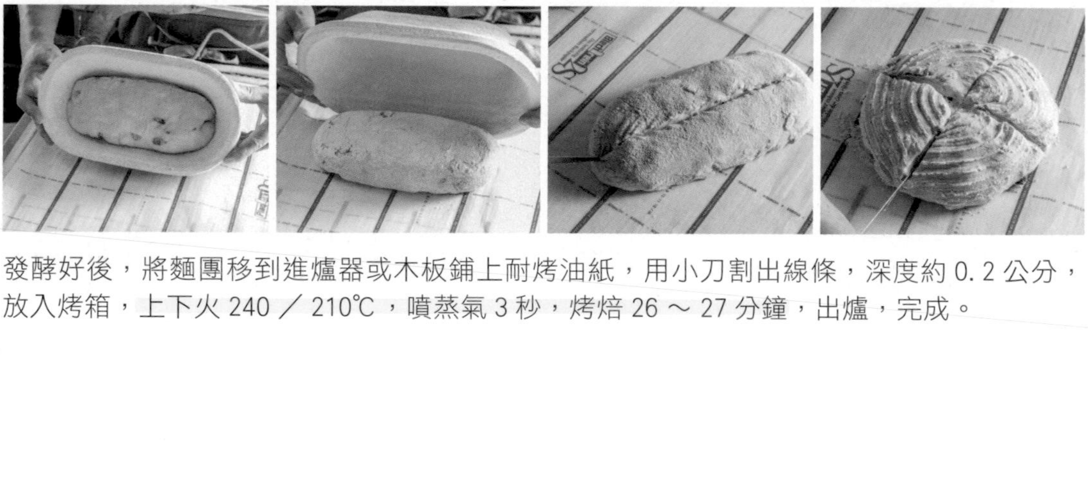

發酵好後，將麵團移到進爐器或木板鋪上耐烤油紙，用小刀割出線條，深度約 0.2 公分，放入烤箱，上下火 240 ／ 210℃，噴蒸氣 3 秒，烤焙 26 ～ 27 分鐘，出爐，完成。

50%裸麥水果麵包

50% rye fruit bread

400g×9 個 | 老麵法

【製作程序】

攪拌程度	L5M7 下果乾 L2
麵團溫度	完成麵團 26℃
基本發酵	50 分鐘（30℃、75～80%）
分割滾圓	400 公克
中間發酵	20 分鐘（30℃、75～80%）
整　　形	圓柱狀
最後發酵	50 分鐘（30℃、75～80%）
烤箱溫度	230 ／ 210℃
烤焙時間	24～25 分鐘
蒸氣時間	4 秒

【材料（g）】

麵團	
裸麥粉	500
法國專用粉	500
新鮮酵母	20
鹽	21
法國老麵	850
水	650
泡好後瀝乾的三種果乾	900
烤熟 1/8 核桃	300
總計	3741

※ 法國老麵種配方與做法，請參考 P.051。

果乾	
芒果乾	250
蔓越莓乾	250
葡萄乾	400
蘭姆酒	180

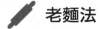

作法

烤核桃

1 1/8核桃沖洗乾淨，瀝乾水分，放入烤箱，上下火170／170℃，烤約10～12分鐘，冷卻備用。

果乾

2 芒果乾、蔓越莓乾、葡萄乾混合浸泡蘭姆酒，冷藏一晚，使用前瀝乾備用，冷藏可保存6個月。

麵團

3 

攪拌缸中加入裸麥粉、法國專用粉、鹽、水、剪小塊的法國老麵、新鮮酵母，低速先拌5分鐘成團，再轉中速7分鐘，打至可拉出薄膜。

4

加入泡好後瀝乾的三種果乾、烤熟 1/8 核桃，低速 2 分鐘拌勻，**麵團完成溫度 26℃**，基本發酵 50 分鐘（**溫度 30℃／濕度 75 ～ 80%**），麵團取出分割每個 400 公克，三折折起，滾圓，中間發酵 20 分鐘（**溫度 30℃／濕度 75 ～ 80%**）。

5

發酵完取出，沾上手粉，輕壓排氣，翻面轉直。

6

下端先往中間輕壓折起，上端一樣手法往中間折起，再一次輕壓排氣；用指腹輔助，捲起，邊捲邊壓成圓柱狀，收口收緊，整個麵團滾上裸麥粉，放在發酵布上，最後發酵 50 分鐘（**溫度 30℃／濕度 75 ～ 80%**）。

7

發酵好後，將麵團移到進爐器或木板鋪上耐烤油紙，用小刀割出線條，深度約 0.5 公分，放入烤箱，上下火 230／210℃，噴蒸氣 4 秒，烤焙 24 ～ 25 分鐘，出爐，完成。

魯茲迪克 Rustic

180g × 10 個 | 老麵法

【製作程序】

攪拌程度	L6M4 加水 M4
麵團溫度	完成麵團 23 ～ 24℃
基本發酵	60 分鐘翻面 30 分鐘（30℃、75 ～ 80%）
分割滾圓	180 公克
整　　形	四方型
最後發酵	30 分鐘（30℃、75 ～ 80%）
烤箱溫度	240 ／ 220℃
烤焙時間	22 ～ 23 分鐘
蒸氣時間	3 秒

【材料（g）】

法國專用粉	800
特高筋麵粉	200
低糖酵母	5
麥芽精	4
鹽	22
法國老麵	100
水①	700
水②（5℃）	100
總計	1931

※ 法國老麵種配方與做法，請參考 P.051。

作法

1

攪拌缸中加入法國專用粉、特高筋麵粉、麥芽精、鹽、法國老麵、水①、低糖酵母，低速 6 分鐘成團，再轉中速 4 分鐘打匀，可拉出薄膜，分次加入水②（5℃），中速 4 分鐘，打至可拉出薄膜，**麵團完成溫度** 23 ～ 24℃，基本發酵 60 分鐘（**溫度 30℃／濕度 75 ～ 80%**），翻面三折兩次，再發酵 30 分鐘（**溫度 30℃／濕度 75 ～ 80%**）。

2

麵團取出，撒上手粉，將邊緣整形好，平均分割 10 等份，每個約 **180 公克**，取一個發酵布，撒上手粉。

3

放在發酵布上，最後發酵 30 分鐘（**溫度 30℃／濕度 75 ～ 80%**），發酵完，使用刮板整理形狀，撒上裸麥粉。

4

使用大刮板或是砧板輔助，將麵團移到進爐器或木板鋪上耐烤油紙，將形狀整理好，用小刀劃出線條，深度約 0.2 公分，放入烤箱，上下火 240／220℃，噴蒸氣 3 秒，烤焙 22 ～ 23 分鐘，出爐，完成。

風味米ㄚ麩法國

baguette

250g×7 個 | 液種法

【製作程序】

法國液種	
麵團溫度	完成麵團 24℃
基本發酵	2 小時（28℃ 、75 ～ 80%）

本種	
攪拌程度	L2 自我分解 20 分鐘 下酵母 L2 下鹽 L2M5 ～ 6
麵團溫度	完成麵團 24℃
基本發酵	30 分鐘翻面 30 分鐘 （30℃、70 ～ 80%）
分割滾圓	250 公克
中間發酵	30 分鐘（30℃、75 ～ 80%）
整　　形	長棍狀 40 公分
最後發酵	45 分鐘（30℃、75 ～ 80%）
烤箱溫度	230 ／ 210℃
烤焙時間	26 分鐘
蒸氣時間	3 秒

【材料（g）】

法國液種	
法國專用粉	300
水（16℃）	300
新鮮酵母	3
本種	
特高筋麵粉	200
法國專用粉	400
米麩	100
鹽	21
麥芽精	3
新鮮酵母	12
水	450
總計	1789

作法

法國液種

1

水（16℃）加新鮮酵母先攪拌均勻，沖入法國專用粉中，攪拌均勻，**麵團完成溫度 24℃**，基本發酵 2 小時（溫度 28℃／**濕度 75 ～ 80%**），放入冷藏 12 ～ 15 小時，使用前回溫到 15℃。

本種

2

取出法國液種，加入麥芽精、水、特高筋麵粉、法國專用粉、米麩，低速 2 分鐘攪拌成團，自我分解 20 分鐘。

3

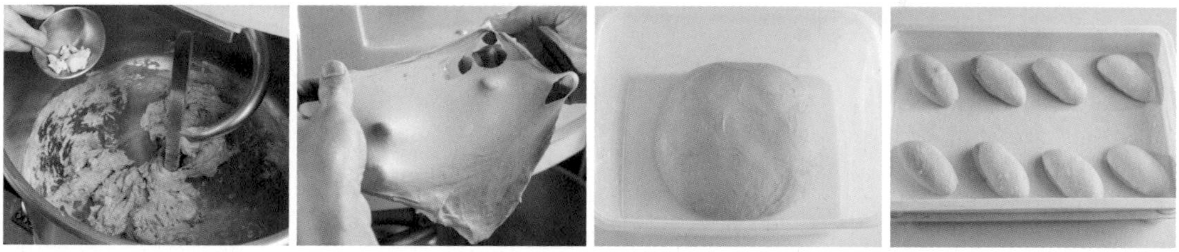

加入新鮮酵母低速 2 分鐘，加入鹽低速 2 分鐘，再轉中速 5 ～ 6 分鐘，打至可拉出薄膜，**麵團完成溫度 24℃**，基本發酵 30 分鐘（**溫度 30℃／濕度 75 ～ 80%**），翻面三折兩次，再發酵 30 分鐘（**溫度 30℃／濕度 75 ～ 80%**），麵團取出分割每個 **250 公克**，整形成橄欖狀，中間發酵 30 分鐘（**溫度 30℃／濕度 75 ～ 80%**）。

4

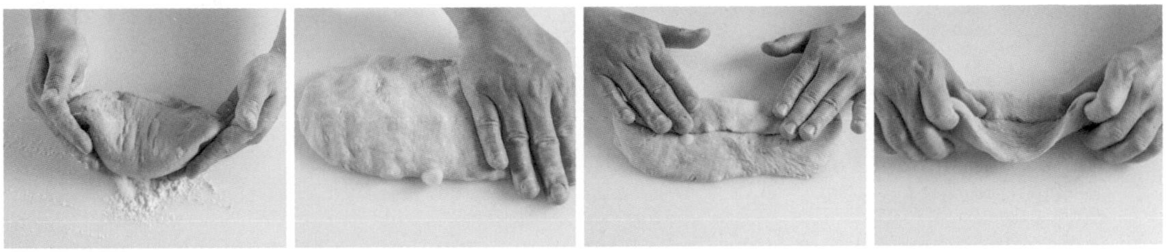

發酵完取出，沾上手粉，拉長成長條狀，轉橫向，輕壓排氣，下端先往中間輕壓折起，上端一樣手法往中間折起。

5

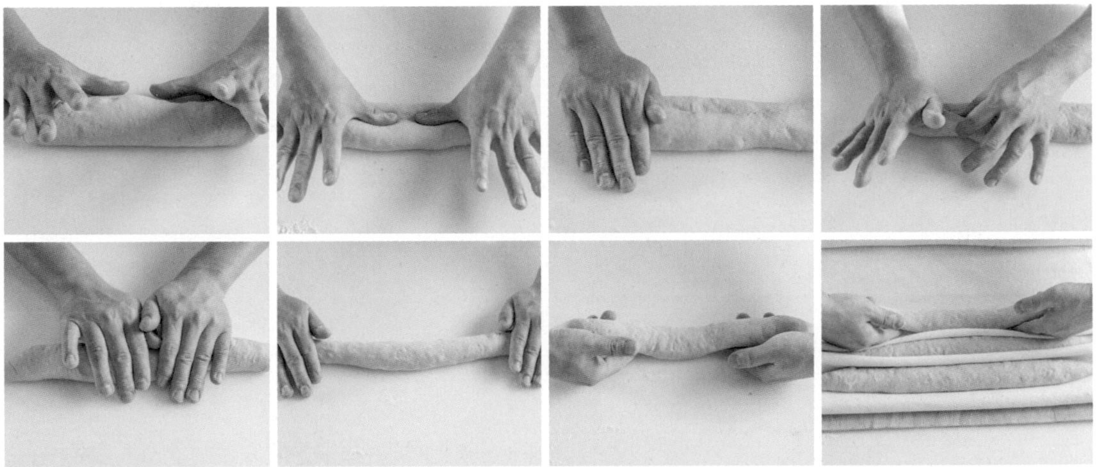

用拇指輕壓中間，再一次輕壓排氣，用指腹輔助，捲起，邊捲邊壓成長條狀，再搓長約 40 公分，輕輕拿起，放在發酵布上，最後發酵 45 分鐘（**溫度 30℃／濕度 75 ～ 80%**）。

6

發酵好後，將麵團移到進爐器或木板鋪上耐烤油紙，用小刀割出斜線，深度約 0. 2 公分，放入烤箱，噴蒸氣 3 秒，上下火 230 ／ 210℃，烤焙 26 分鐘，出爐，放涼切片，可搭配沾醬，完成。

高水量北海道玉米

Hokkaido corn bread

200g×12 個 | 老麵法

【製作程序】

攪拌程度	L5M6～7 下玉米 L2
麵團溫度	完成麵團 22～23℃
基本發酵	40 分鐘翻面 40 分鐘 （30℃、75～80%）
分割滾圓	200 公克
整　　形	螺旋狀
最後發酵	45 分鐘 （30℃、75～80%）
烤箱溫度	240 ／ 220℃
烤焙時間	25 分鐘
蒸氣時間	3 秒

【材料 (g)】

法國粉	800
裸麥粉	200
鹽	20
新鮮酵母	15
麥芽精	3
水	750
法國老麵	200
北海道玉米	400
總計	2388

※ 法國老麵種配方與做法，請參考 P.051。

作法

1

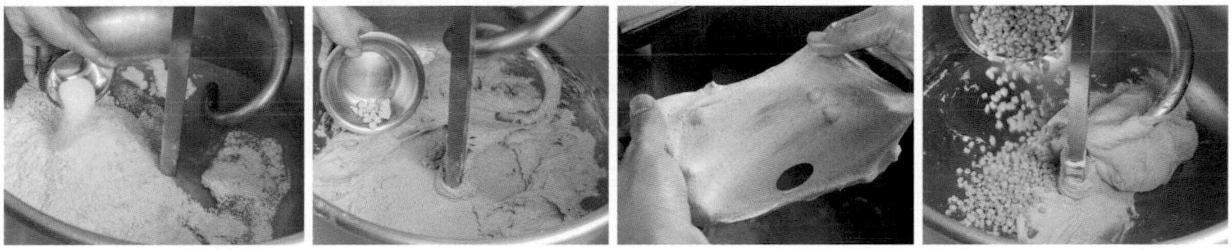

攪拌缸中加入法國粉、裸麥粉、鹽、麥芽精、水、老麵、新鮮酵母，低速 5 分鐘成團，中速 6 ～ 7 分鐘打勻，可拉出薄膜，加入北海道玉米，低速 2 分鐘攪拌均勻，**麵團完成溫度 22 ～ 23℃**，基本發酵 40 分鐘（**溫度 30℃／濕度 75 ～ 80%**），翻面三折兩次，再發酵 40 分鐘（**溫度 30℃／濕度 75 ～ 80%**）。

2

麵團取出，撒上手粉，將邊緣整形好，平均分割 12 等份，每個約 **200 公克**，將麵團拉長，轉橫向。

3

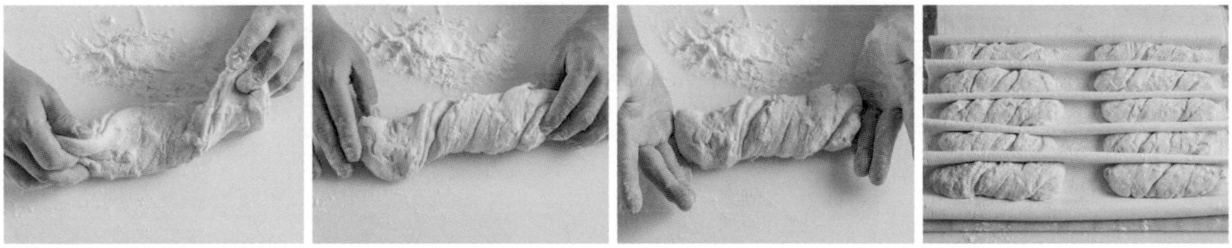

拿著前後兩端，轉起，呈現螺旋狀整個裹上粉，放在發酵布上，表面篩上裸麥粉，最後發酵 45 分鐘（**溫度 30℃／濕度 75 ～ 80%**）。

4

發酵好後，將麵團移到進爐器或木板鋪上耐烤油紙，放入烤箱，噴蒸氣 3 秒，上下火 240 ／ 220℃，烤焙 25 分鐘，出爐，完成。

PART *IV*

丹麥

Danish

丹麥麵團
Danish dough

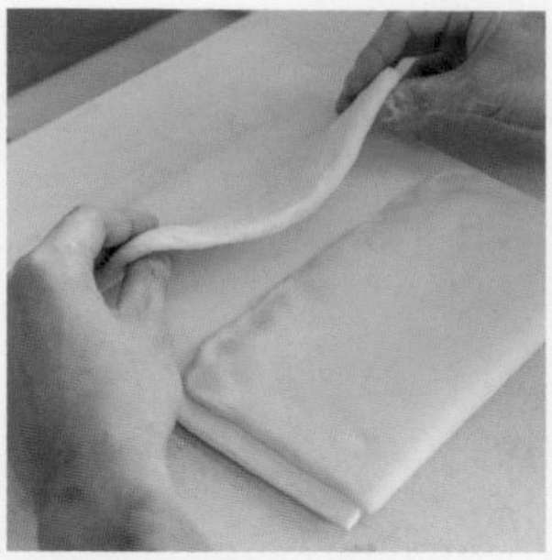

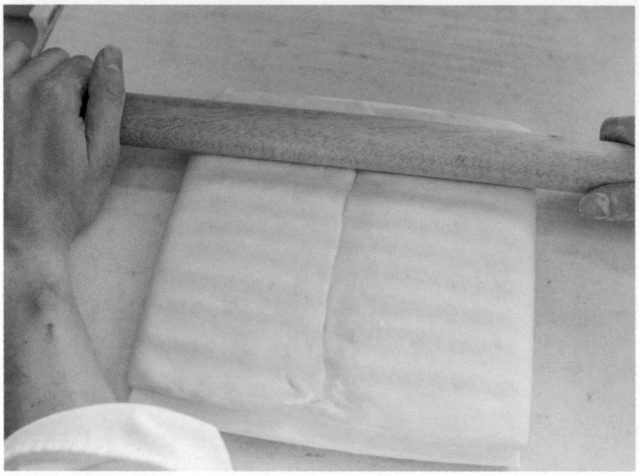

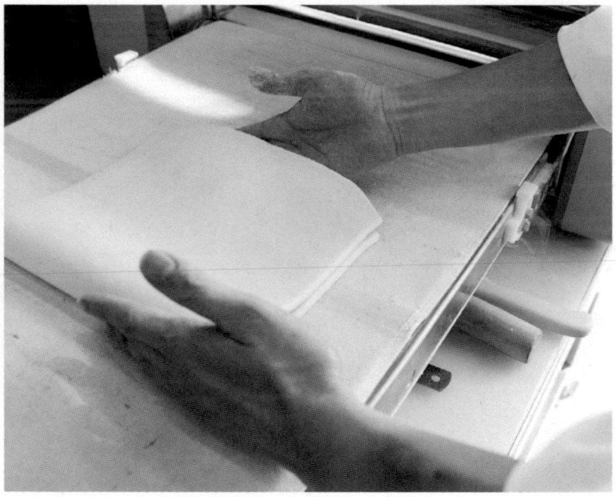

直接法

【製作程序】

攪拌程度	L3M2
麵團溫度	完成麵團 23 ~ 24℃
基本發酵	30 分鐘 （28 ~ 30℃、70 ~ 75%）
擀　　折	三折 3 次

【材料 (g)】

法國粉	800
特高筋麵粉	200
鹽	15
新鮮酵母 （可換乾酵母，總量除 3）	40
全脂奶粉	50
全蛋	120
水（5℃）	400
細砂糖	100
無鹽奶油（回溫切丁）	60
總計	1785

單一團麵團 892 公克 包入 250 公克奶油	
片狀奶油 （長寬厚：24 x 21 x 0.7 公分）	250

作法

1

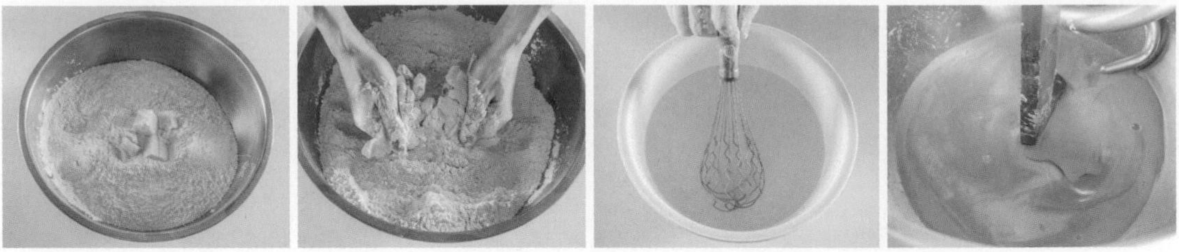

鋼盆中放入無鹽奶油（回溫切丁），加入法國麵粉、特高筋麵粉，用手混合拌勻（也可以使用機器低速 2 分鐘拌勻），備用；水（5℃）加入鹽、細砂糖，先攪拌至融化，倒入攪拌缸中，加入全蛋。

2

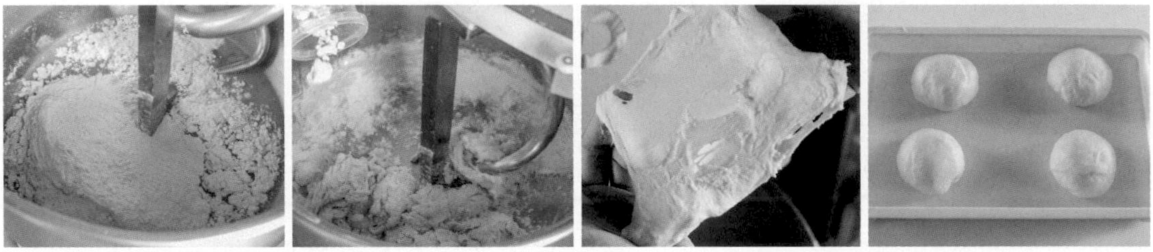

再加入拌勻的粉類、新鮮酵母，低速 3 分鐘成團，中速 2 分鐘，拌至光滑麵團約 5 分筋，**麵團完成溫度 23 ～ 24℃**，取出平均分兩團，每團約 892 公克，基本發酵 30 分鐘（**溫度 28 ～ 30℃／濕度 70 ～ 75%**）。

3

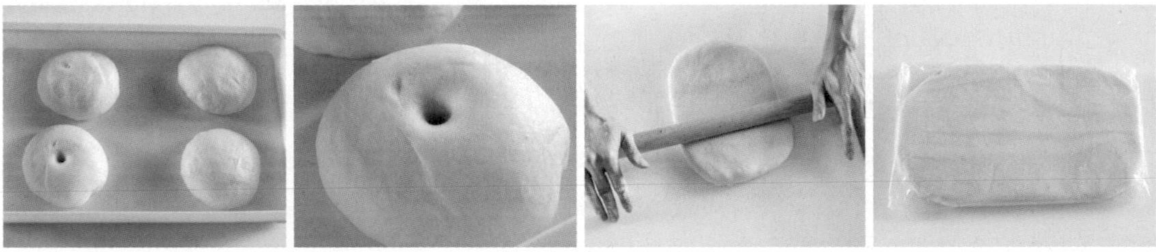

發酵至戳洞不回彈，取出排氣擀平，放入塑膠袋中，冷凍（-16 ～ -18℃）鬆弛**一晚**。

4

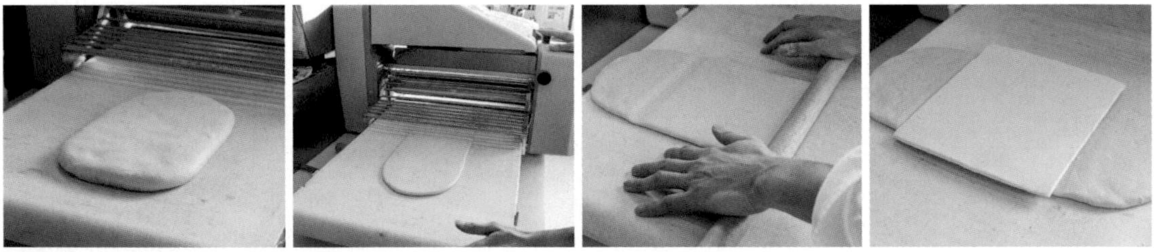

隔天取出麵團放室溫 1 小時或冷藏 2 小時，等待麵團軟硬適中後放上丹麥機，**刻度 8** 過一次機器，轉向，擀開，放上片狀奶油。

5

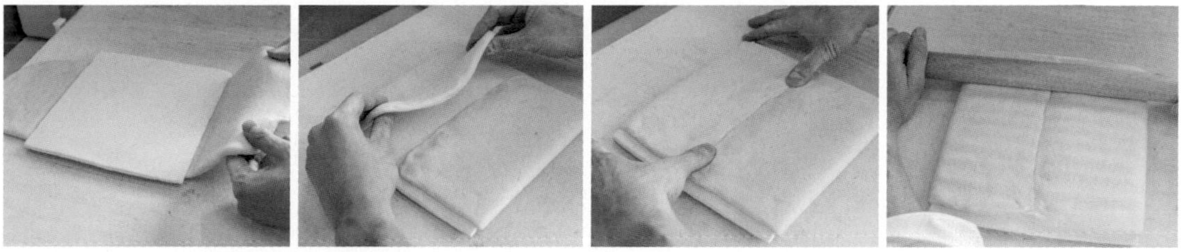

用麵團將奶油片包起，收口壓緊，用擀麵棍輕壓，左右兩側也要用麵團包緊，避免奶油片露出來。

6

放上丹麥機，刻度由 **20** 開始，慢慢壓開，最後壓到**刻度 3**，三折一次。

7

盡量將麵團對整齊，放入塑膠袋中，冷凍 30 分鐘，取出後再重複一次【作法 6】，一樣壓好後三折一次，放入塑膠袋中，冷凍 30 分鐘，共做 3 次三折一次，最後一次折完，放入冷凍鬆弛 30 分鐘，再放入冷藏鬆弛 30 分鐘。

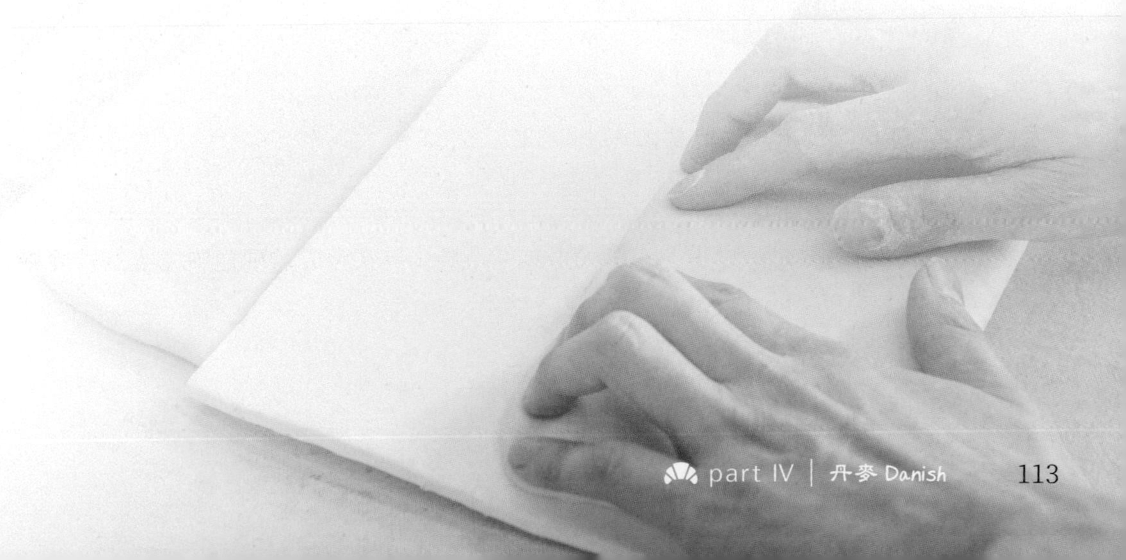

原味可頌
Croissant

直接法

【製作程序】

攪拌程度	L3M2
麵團溫度	完成麵團 23 ～ 24℃
基本發酵	30 分鐘 （28 ～ 30℃ 、70 ～ 75% ）
擀　　折	三折 3 次
分　　割	60 公克
整　　形	可頌型
最後發酵	70 ～ 80 分鐘 （30℃、75 ～ 80%）
烤箱溫度	210 ／ 180℃
烤焙時間	16 ～ 17 分鐘

【材料 (g)】

法國粉	800
特高筋麵粉	200
鹽	15
新鮮酵母 （可換乾酵母，總量除 3）	40
全脂奶粉	50
全蛋	120
水（5℃）	400
細砂糖	100
無鹽奶油（回溫切丁）	60
總計	1785

單一團麵團 892 公克 包入 250 公克奶油	
片狀奶油 （長寬厚：24 x 21 x 0.7 公分）	250

表面裝飾	
全蛋液	適量

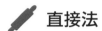

作法

1 丹麥麵團：作法參考 **P.112 ～ 113** 丹麥麵團的作法。

2

鬆弛好麵團，放上丹麥機撒上手粉，刻度由 **8** 開始，慢慢壓開，到寬 48 公分，轉向，再繼續將刻度調小，壓至長度到 48 ～ 50 公分，最後壓到刻度 3，丹麥麵團完成。

3

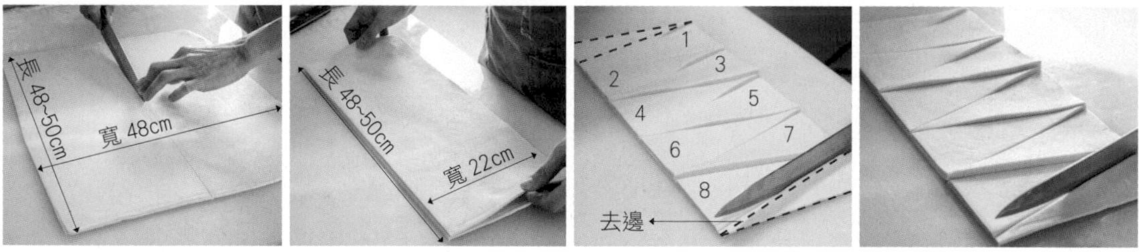

將做好的麵團取出，大小為長 48 ～ 50 公分 × 寬 48 公分 × 厚度 0. 3 公分，去邊切對半成長 48 ～ 50 公分 × 寬 22 公分上下兩張麵團，疊起，切成**底 10 公分、長 22 公分**三角形，共 16 個。

4

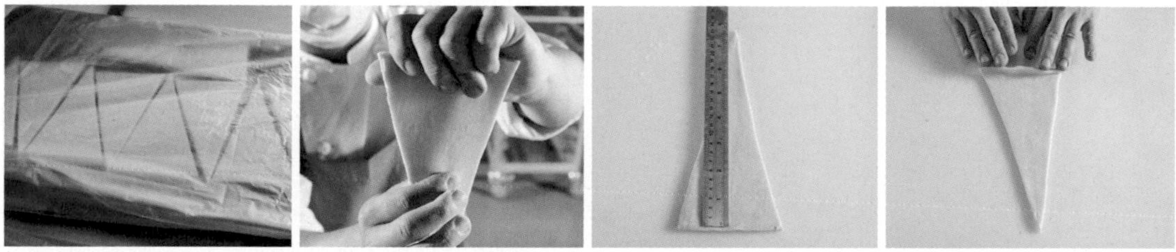

取一片麵團，其餘還沒使用到的記得要蓋上塑膠袋，避免麵團乾掉，將麵團拉長，長約 25 公分，由底往上捲起。

5

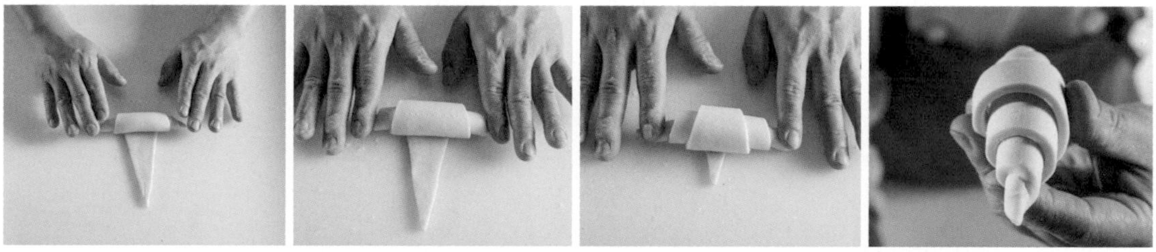

輕輕往上捲起，要注意麵團要直直地捲起，不要捲歪，捲好後會有四層層次。

6

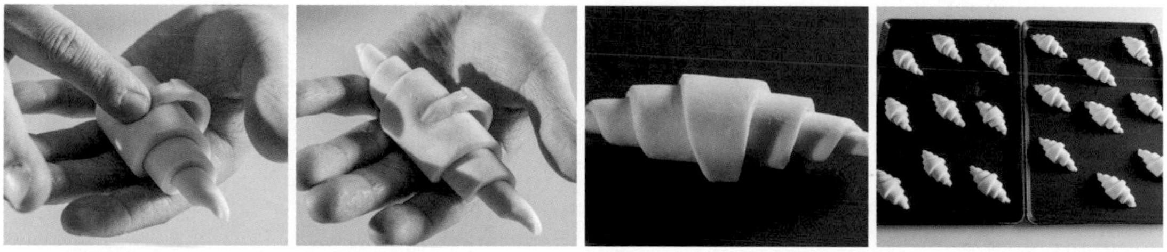

尾端，輕輕壓緊，避免烤的時候散開，放上烤盤，最後發酵 **70 ～ 80 分鐘（溫度 30℃／濕度 75 ～ 80%）**，發酵至兩倍大。

7

發酵好後，表面刷上全蛋液，放入烤箱，上下火 210 ／ 180℃，烤焙 16 ～ 17 分鐘，出爐，完成。

焦糖蘋果可頌

Caramel apple croissant

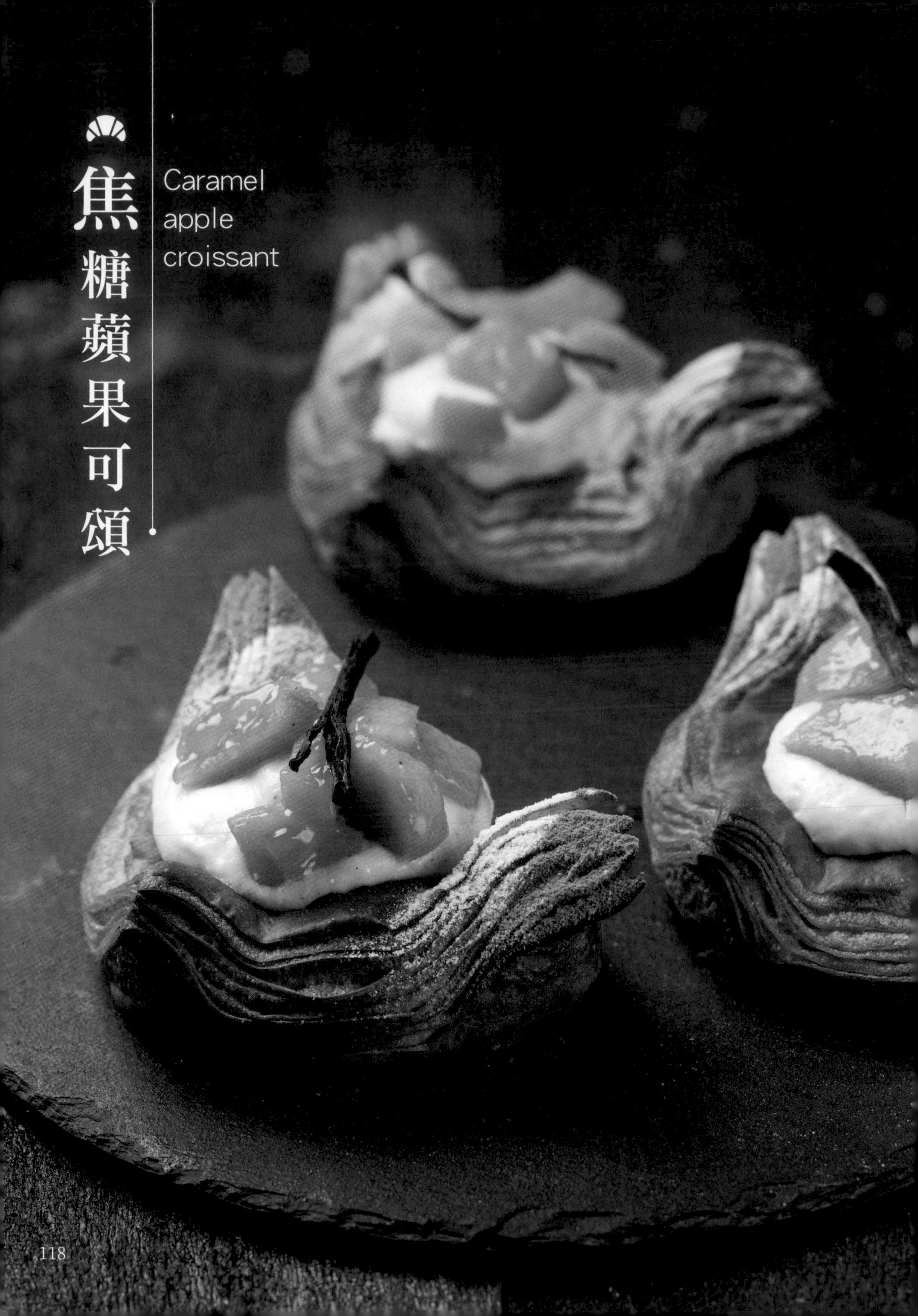

直接法

模具（SN1624）

【製作程序】

攪拌程度	L3M2
麵團溫度	完成麵團 23 ～ 24℃
基本發酵	30 分鐘 （28 ～ 30℃ 、70 ～ 75% ）
擀　　折	三折 3 次
分　　割	50 公克
整　　形	三角形
最後發酵	70 ～ 80 分鐘 （30℃、75 ～ 80%）
烤箱溫度	210 ／ 180℃
烤焙時間	19 ～ 20 分鐘

【材料（g）】

丹麥麵團

材料參考 **P.111** 丹麥麵團的材料

焦糖蘋果	
細砂糖	100
動物性鮮奶油	50
蘋果（切 1 公分小丁）	1000
蘭姆酒	25
肉桂粉	3
蜂蜜	100
總計	1278

杏仁奶油餡	
杏仁粉	360
糖粉	100
無鹽奶油	260
全蛋	100
總計	820

乳酪餡	
卡夫乳酪	1000
糖粉	180
蘭姆酒	40
香草莢（取籽）	1 根
總計	1220

表面裝飾	
防潮糖粉	適量
抹茶粉	適量
鏡面果膠	適量
香草莢（取莢）	1 根

作法

焦糖蘋果

1 備一深鍋，放入細砂糖、蘭姆酒、肉桂粉、蜂蜜，煮至融化，加入動物性鮮奶油拌勻煮滾，加入蘋果丁，拌炒至蘋果軟化，熄火，冷卻，冷藏一晚，過濾取蘋果丁，備用。

杏仁奶油餡

乳酪餡

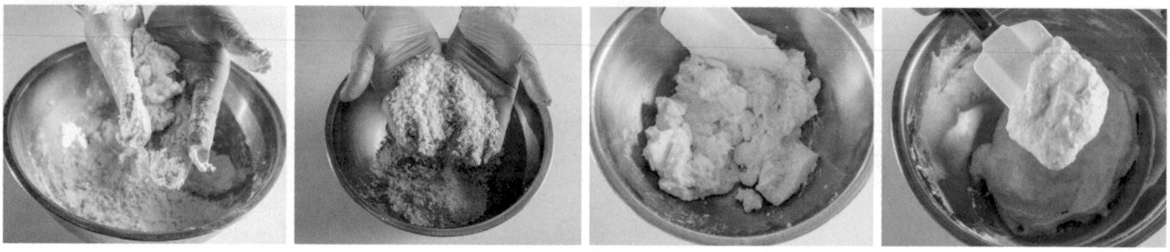

2 杏仁奶油餡：將所有食材混合拌勻成粉粒狀，放入擠花袋中，備用。
乳酪餡：將所有食材混合拌勻，放入擠花袋中，備用。

丹麥麵團、組合

3 丹麥麵團：作法參考 **P.112 ～ 113** 丹麥麵團的作法。

4

鬆弛好麵團，放上丹麥機撒上手粉，刻度由 **8** 開始，慢慢壓開，到寬 42 公分，轉向，再繼續將刻度調小，壓至長度到 56 公分，最後壓到刻度 3.5，丹麥麵團完成。

5

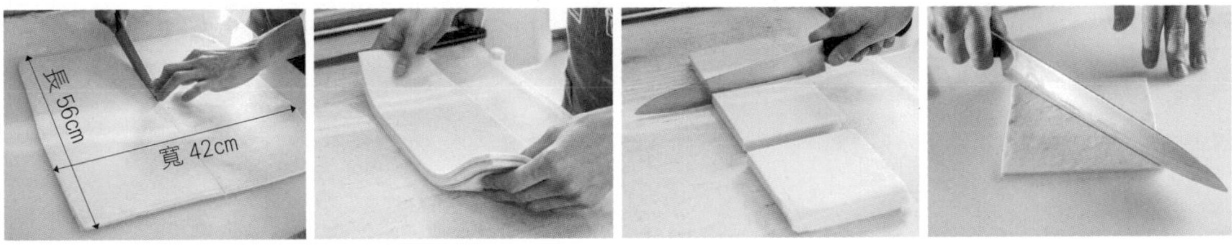

將做好的麵團取出，去邊，寬切成 3 等份（13 公分），疊起，切成**長寬 13 公分、厚度 0.35 公分**正方形，再從對角線切開，成三角形。

6

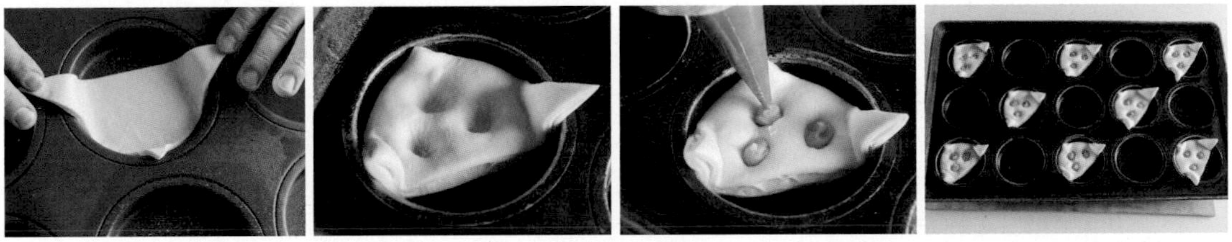

模具上噴上烤盤油，放上切好的麵團，最後發酵 **70 ～ 80 分鐘（溫度 30℃／濕度 75 ～ 80%）**，發酵至兩倍大，戳三個洞，擠上杏仁奶油餡 5 公克 × 3 個洞，放入烤箱，上下火 210／180℃，烤焙 19 ～ 20 分鐘，出爐，放涼。

7

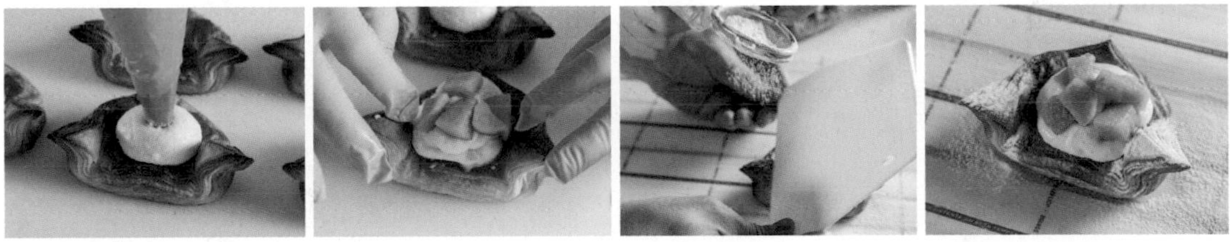

取一個放涼的可頌，擠上乳酪餡 30 公克，放入焦糖蘋果 30 公克，用防潮糖粉裝飾。

8

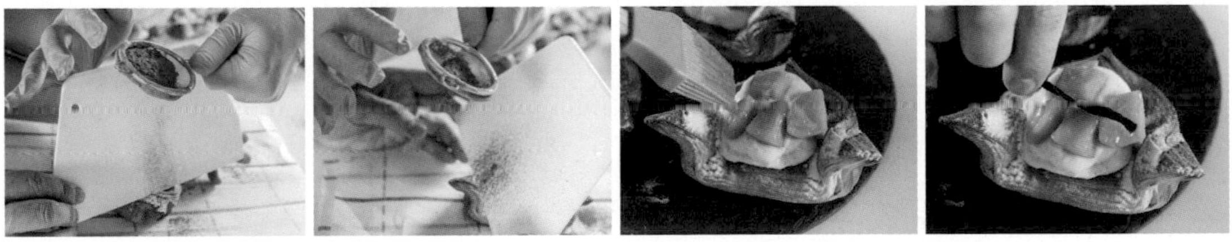

再用抹茶粉裝飾，刷上鏡面果膠，擺上切 6 公分長的香草莢裝飾，完成。

巧克力可頌

Chocolate croissant

直接法

【製作程序】

攪拌程度	L3M2
麵團溫度	完成麵團 23 ～ 24℃
基本發酵	30 分鐘 （28 ～ 30℃、70 ～ 75%）
擀　　折	三折 3 次
分　　割	70 公克
整　　形	長方形
最後發酵	70 ～ 80 分鐘 （30℃、75 ～ 80%）
烤箱溫度	210 ／ 180℃
烤焙時間	17 ～ 18 分鐘

【材料 (g)】

丹麥麵團

材料參考 **P.111** 丹麥麵團的材料

內餡	
耐烤巧克力棒	2 根 / 個

糖水	
細砂糖	100
水	100

糖水

1 糖水：將所有材料放入鍋中，煮至細砂糖融化，放涼備用。

丹麥麵團、組合

2 丹麥麵團：作法參考 **P.112 ～ 113** 丹麥麵團的作法。

3

鬆弛好麵團，放上丹麥機撒上手粉，刻度由 **8** 開始，慢慢壓開，到寬 36 公分，轉向，再繼續將刻度調小，壓至長度到 65 公分，最後壓到刻度 3，丹麥麵團完成。

4
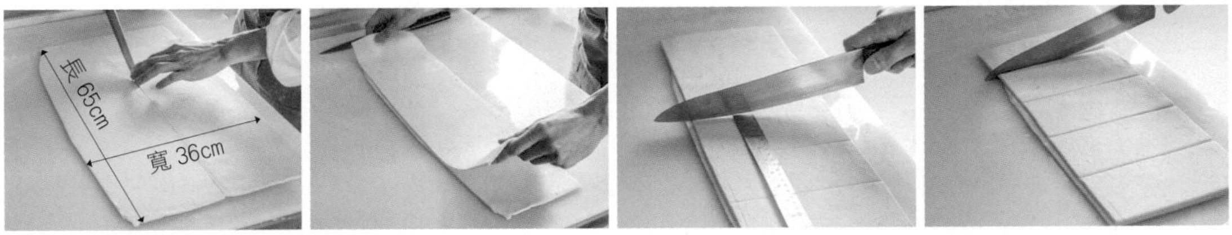

將做好的麵團取出，去邊，切對半，疊起，切成**長 16 公分、寬 8 公分、厚度 0.3 公分**長方形。

5
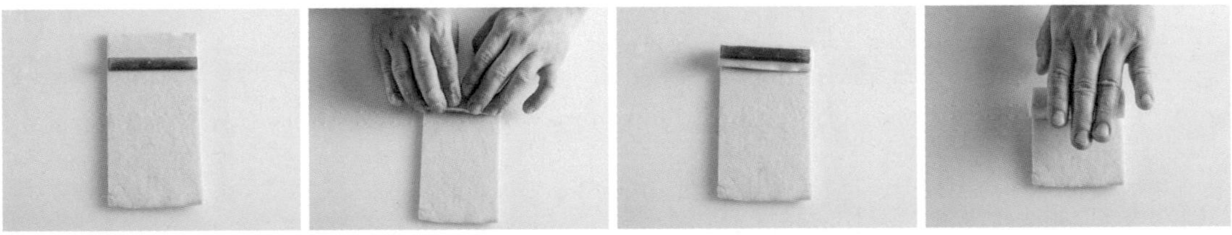

取一麵團，尾端留 2 公分，放上一根耐烤巧克力棒，捲起一圈，放上第二根耐烤巧克力棒，再整個捲起。

6
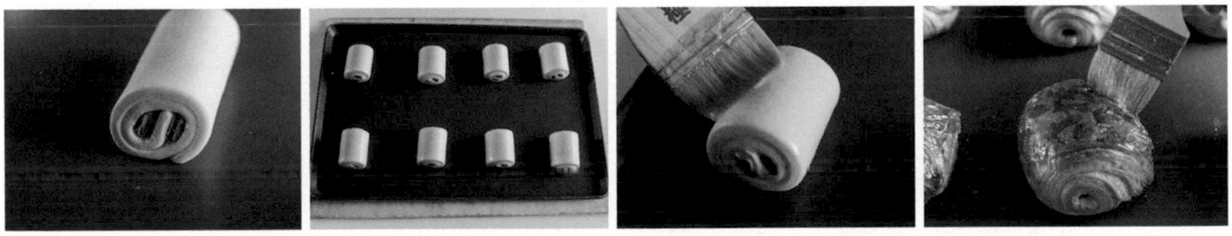

放上烤盤，最後發酵 **70 ～ 80 分鐘（溫度 30℃／濕度 75 ～ 80%）**，發酵至兩倍大，刷上糖水，放入烤箱，上下火 210 ／ 180℃，烤焙 17 ～ 18 分鐘，出爐，再刷上糖水，完成。

水果丹麥 Fruit danish

直接法 ｜ 塔模（SN6184）

【製作程序】

攪拌程度	L3M2
麵團溫度	完成麵團 23～24℃
基本發酵	30 分鐘 （28～30℃、70～75%）
擀　　折	三折 3 次
分　　割	45 公克
整　　形	正方形
最後發酵	70～80 分鐘 （30℃、75～80%）
烤箱溫度	210／180℃
烤焙時間	16～17 分鐘

【材料（g）】

丹麥麵團

材料參考 **P.111** 丹麥麵團的材料

杏仁奶油餡

材料參考 **P.119** 杏仁奶油餡的材料

乳酪餡

材料參考 **P.119** 乳酪餡的材料

紅豆餡

材料參考 **P.131** 紅豆餡的材料

栗子餡

材料參考 **P.048** 栗子餡的材料

表面裝飾	
防潮糖粉	適量
草莓（一切四）	適量
薄荷葉	適量
鏡面果膠	適量
藍莓	適量
葡萄（切片）	適量
迷迭香	適量
烤熟 1/2 夏威夷果	適量

作法

杏仁奶油餡、乳酪餡、紅豆餡、栗子餡

1 杏仁奶油餡：作法參考 **P.120** 焦糖蘋果可頌的【作法 1】。
乳酪餡：作法參考 **P.120** 焦糖蘋果可頌的【作法 2】。
紅豆餡：作法參考 **P.132** 紅豆麵包的【作法 1、2】。
栗子餡：作法參考 **P.049** 南瓜栗子餐包的【作法 1】。

烤夏威夷果

2 1/2 夏威夷果放入烤箱，上下火 170 ／ 170℃，烤約 5 ～ 7 分鐘，冷卻備用。

丹麥麵團、組合

3 丹麥麵團：作法參考 **P.112 ～ 113** 丹麥麵團的作法。

4

鬆弛好麵團，放上丹麥機撒上手粉，刻度由 **8** 開始，慢慢壓開，到寬 40 公分，轉向，再繼續將刻度調小，壓至長度到 50 公分，最後壓到刻度 3，丹麥麵團完成。

5

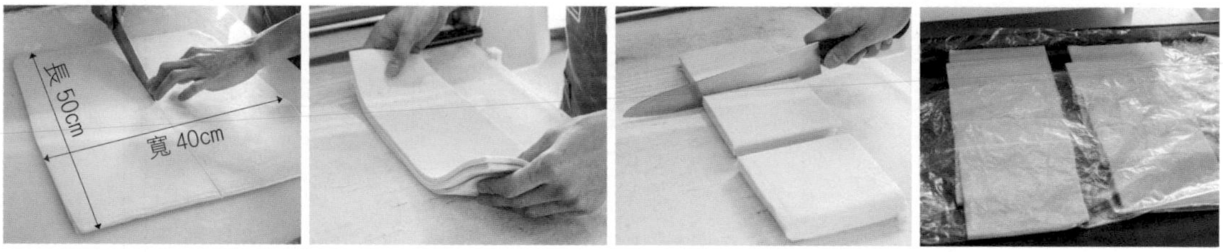

將做好的麵團取出，去邊，寬切成 4 等份（9 公分），疊起，切成**長寬 9 公分、厚度 0.35 公分**正方形，蓋上塑膠袋避免麵團乾掉。

6

模具上噴上烤盤油，放上切好的麵團，輕壓入模具，最後發酵 **70 ～ 80 分鐘（溫度 30℃／濕度 75 ～ 80%）**，發酵至兩倍大。

7

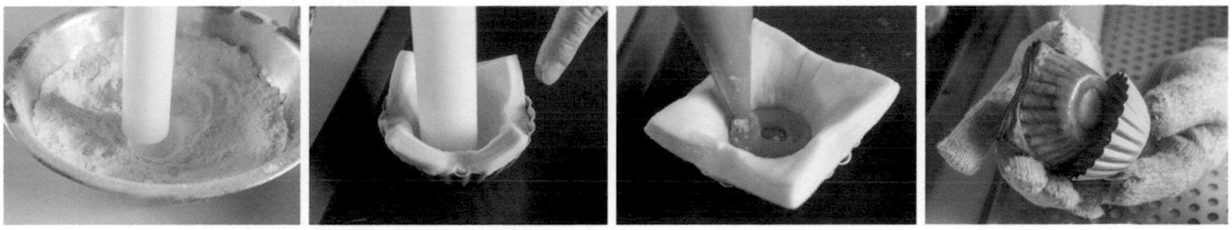

取一擀麵棍沾上手粉，輕壓麵團做出凹槽，擠上杏仁奶油餡 15 公克，放入烤箱，上下火 210 ／ 180℃，烤焙 16 ～ 17 分鐘，出爐脫模，放涼。

8

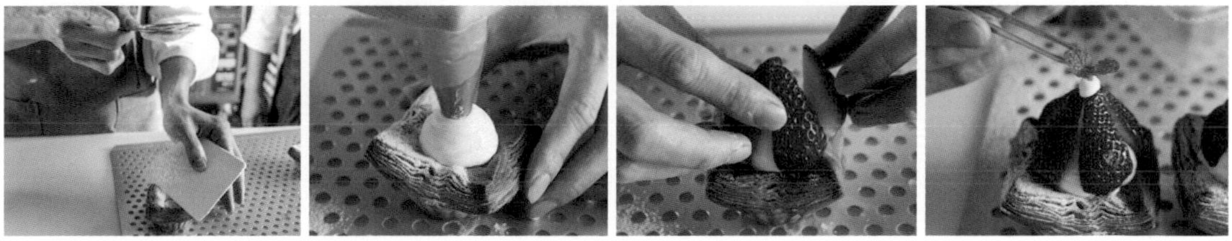

取一個放涼的可頌，用防潮糖粉裝飾，擠上乳酪餡 30 公克，放入草莓（一切四）裝飾，刷上鏡面果膠，頂端再擠上一點點乳酪餡，放上薄荷葉裝飾，完成草莓水果可頌。

9

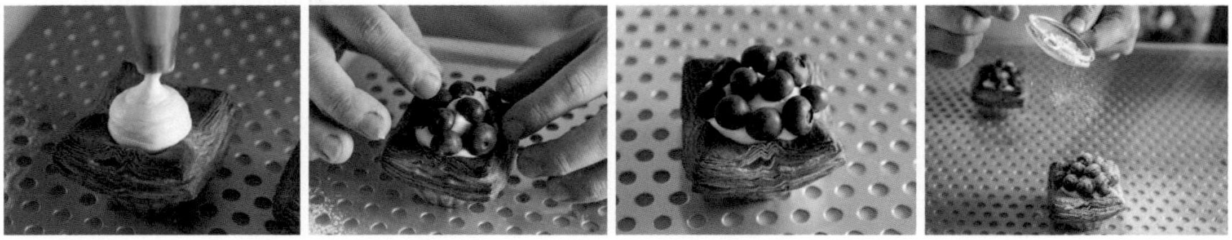

取一個放涼的可頌，擠上乳酪餡 30 公克，放上藍莓裝飾，再用防潮糖粉裝飾，完成藍莓水果可頌。

10

取一個放涼的可頌，用防潮糖粉裝飾，擠上乳酪餡 30 公克，放上葡萄（切片）裝飾，刷上鏡面果膠，放上迷迭香裝飾，完成葡萄水果可頌。

11

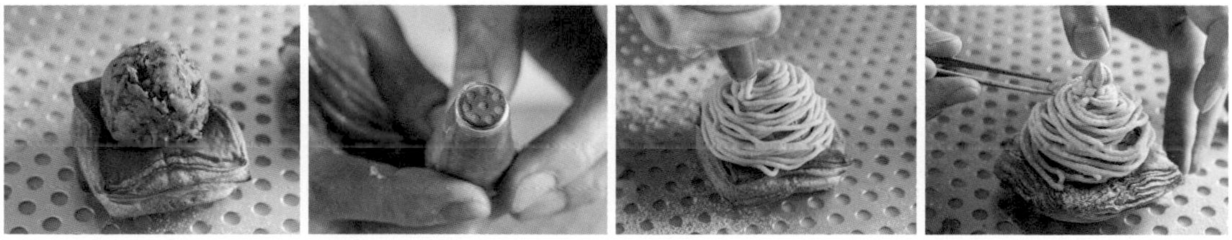

取一個放涼的可頌，放上一球紅豆餡 30 公克，使用花嘴（TIP-235），將栗子餡裝入擠花袋中，擠在紅豆餡表面，放上烤熟的夏威夷果裝飾，完成紅豆栗子可頌。

PART V

甜麵包

Sweet Bread

紅豆麵包

Red bean bread

50g×40 個 ｜ 隔夜中種法

【製作程序】

隔夜中種	
基本發酵	30 分鐘（30℃、75～80%）
冷藏靜置	12 小時（不超過 16 小時）

主麵團	
攪拌程度	L4M5 下奶油 L3M4
麵團溫度	完成麵團 27℃
基本發酵	20 分鐘（30℃、75～80%）
分割滾圓	50 公克
中間發酵	冷藏鬆弛 30 分鐘
整形包餡	紅豆餡 50 公克
最後發酵	60 分鐘（30℃、75～80%）
烤箱溫度	200 ／ 180℃
烤焙時間	12～13 分鐘

【材料 (g)】

隔夜中種	
特高筋麵粉	500
新鮮酵母	10
水（18℃）	300

主麵團	
高筋麵粉	500
細砂糖	220
新鮮酵母	30
鹽	8
全脂奶粉	20
蛋黃	200
動物性鮮奶油	50
水	130
無鹽發酵奶油	100
總計	2068

紅豆餡	
紅豆	1000
二砂糖	700
麥芽糖	80
鹽	5
無鹽發酵奶油	100
總計	1885

表面裝飾	
全蛋液	適量
白芝麻	適量

作法

紅豆餡

1

紅豆先泡水 4 小時或隔夜，放入電鍋外鍋 1 杯水蒸熟，過濾掉水分；要確認紅豆是否蒸熟，用手輕壓呈現軟綿狀態。

2

將蒸熟紅豆放入炒鍋中，加入二砂糖、麥芽糖、鹽，開中小火拌炒至糖都融化，再加入無鹽發酵奶油，拌炒至收乾水分，即可盛出放涼，備用。

隔夜中種

3

新鮮酵母加水，先拌勻至酵母溶解，放入攪拌缸中加入高筋麵粉低速拌勻 5 分鐘，麵團完成**溫度 24 ～ 25℃**，基本發酵 **30 分鐘**（溫度 30℃／濕度 75 ～ 80％），冷藏 12 小時，不超過 16 小時，隔天回溫至中心溫度 15 ～ 18℃。

主麵團

4

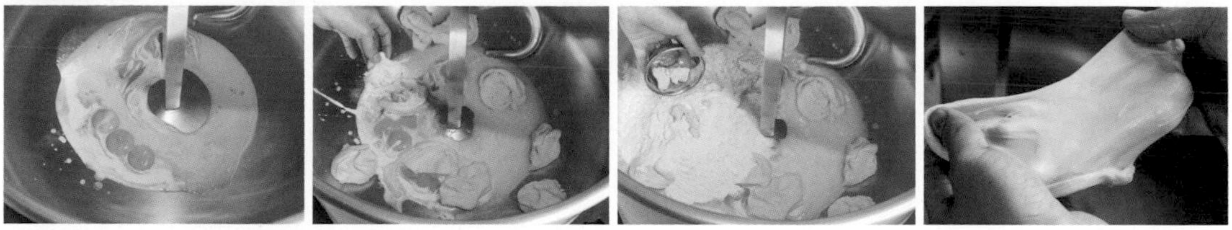

攪拌缸中放入蛋黃、動物性鮮奶油、水，加入分小塊的隔夜中種，加入高筋麵粉、細砂糖、新鮮酵母、鹽、全脂奶粉，低速拌勻 4 分鐘，再轉中速 5 分鐘，打至可拉出薄膜。

5

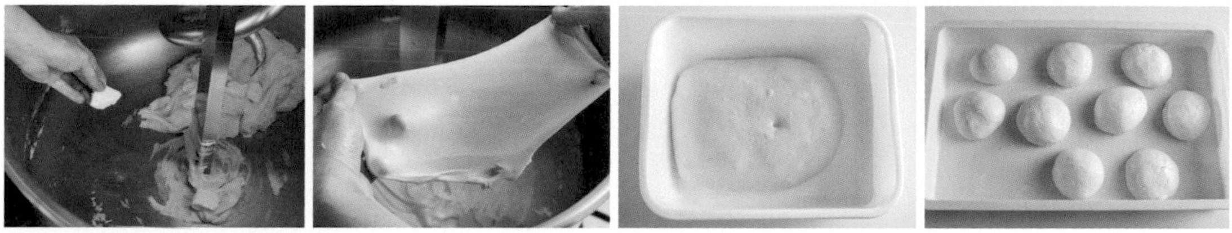

再加入無鹽發酵奶油低速 3 分鐘，再轉中速 4 分鐘拌勻，可拉出薄膜；麵團取出放入容器中，基本發酵 **20 分鐘**（溫度 30℃／濕度 75 ～ 80%），取出分割每個 **50 公克**，中間發酵冷藏鬆弛 **30 分鐘**。

6

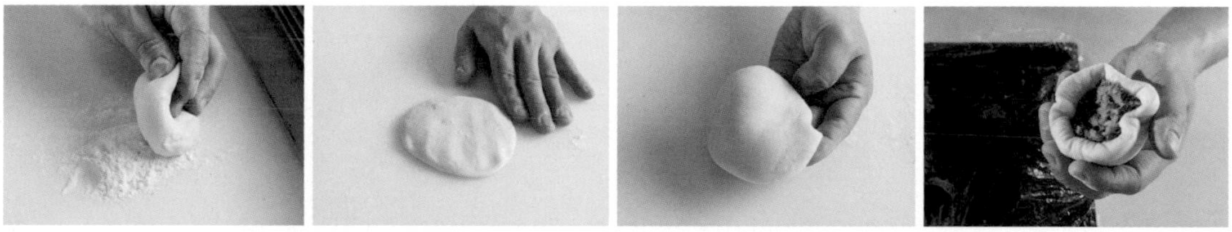

麵團沾上手粉，放置桌面輕壓扁成圓片狀，翻面，包入紅豆餡 **50 公克**。

7

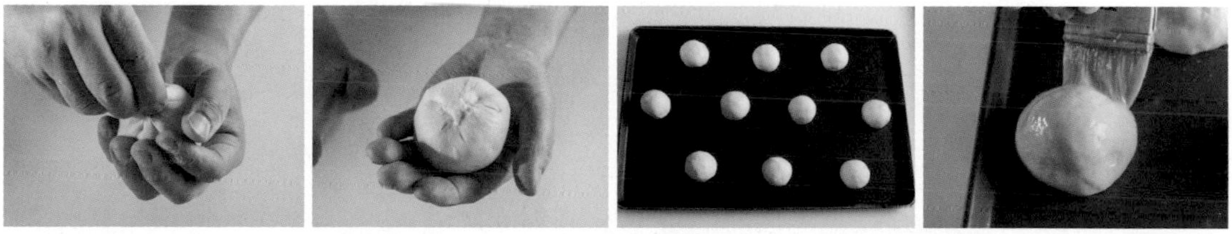

收口收緊，放置烤盤，最後發酵 **60 分鐘**（溫度 30℃／濕度 75～80%）；進爐前表面刷上**全蛋液**。

8

取一擀麵棍，一頭沾上蛋液，再沾上白芝麻，壓在紅豆麵包表面中心；放入烤箱，上下火 200 ／ 180℃，烤焙 12 ～ 13 分鐘，出爐，完成。

伯爵日式菠蘿

Japanese-style
earl grey
pineapple bun

50g×40 個 | 隔夜中種法

【製作程序】

隔夜中種	
基本發酵	30 分鐘（30℃ 、75 ～ 80%）
冷藏靜置	12 小時（不超過 16 小時）

主麵團	
攪拌程度	L4M5 下奶油 L3M4
麵團溫度	完成麵團 27℃
基本發酵	20 分鐘（30℃、75 ～ 80%）
分割滾圓	50 公克
中間發酵	冷藏鬆弛 30 分鐘
整形包餡	日式伯爵菠蘿 30 公克
最後發酵	60 分鐘（30℃、75 ～ 80%）
烤箱溫度	200 ／ 180℃
烤焙時間	14 ～ 15 分鐘

【材料 (g)】

隔夜中種	
特高筋麵粉	500
新鮮酵母	10
水（25℃）	300
主麵團	
高筋麵粉	500
細砂糖	220
新鮮酵母	30
鹽	8
全脂奶粉	20
蛋黃	200
動物性鮮奶油	50
水	130
無鹽發酵奶油	100
總計	2068

日式伯爵菠蘿	
無鹽發酵奶油	225
細砂糖	225
全蛋（常溫）	175
無鋁泡打粉	10
伯爵茶粉	10
低筋麵粉	480
總計	1125

作法

日式伯爵菠蘿

1

無鹽發酵奶油、細砂糖放入攪拌缸中拌勻，分次加入全蛋，再加入無鋁泡打粉、伯爵茶粉、過篩的低筋麵粉，拌勻即可，使用前分割每個 **30 公克**。

隔夜中種

2 隔夜中種：作法參考 **P.132** 紅豆麵包的【作法 3】。

主麵團

3 主麵團：作法參考 **P.133** 紅豆麵包的【作法 4、5】。

4

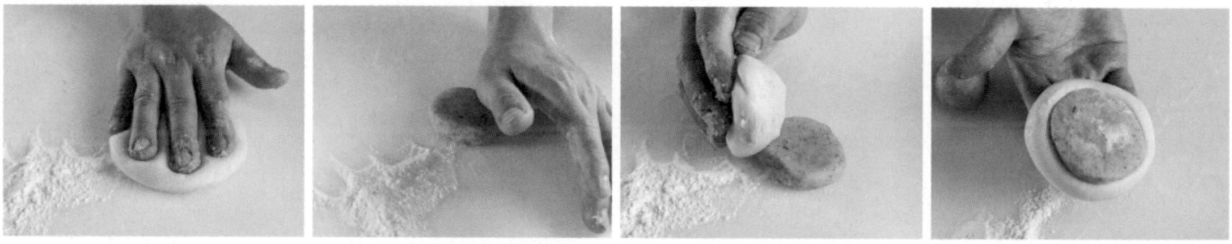

麵團沾上手粉，放置桌面輕壓扁；日式伯爵菠蘿輕壓扁，蓋上麵團。

5

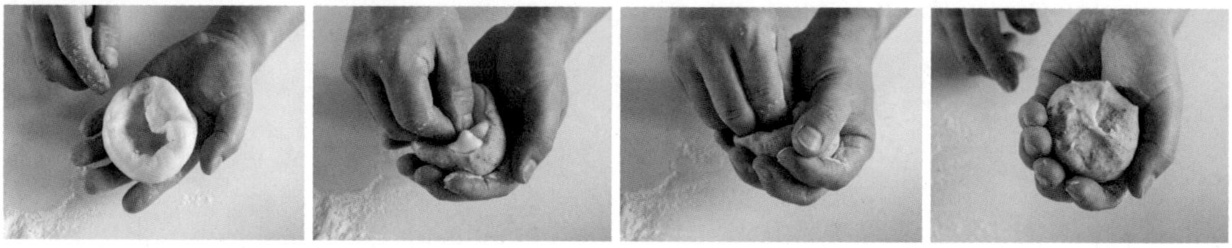

翻面，日式伯爵菠蘿在外側，用手做出凹槽，像是包餡料一樣包起，收口收緊。

6

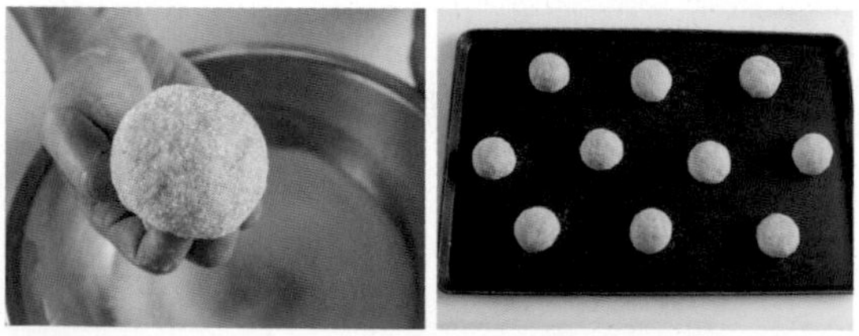

菠蘿表面沾上細砂糖，放置烤盤，最後發酵 **60 分鐘**（溫度 30℃／濕度 75 ～ 80%）；放入烤箱，上下火 200 ／ 180℃，烤焙 14 ～ 15 分鐘，出爐，完成。

馬卡龍奶油包
Macaron cream bread

50g×40個 | 隔夜中種法

【製作程序】

隔夜中種	
基本發酵	30 分鐘（30℃、75～80%）
冷藏靜置	12 小時（不超過 16 小時）

主麵團	
攪拌程度	L4M5 下奶油 L3M4
麵團溫度	完成麵團 27℃
基本發酵	20 分鐘（30℃、75～80%）
分割滾圓	50 公克
中間發酵	冷藏鬆弛 30 分鐘
整　　形	擠上杏仁馬卡龍 30 公克
最後發酵	60 分鐘（30℃、75～80%）
烤箱溫度	200 ／ 180℃
烤焙時間	15 分鐘

【材料（g）】

隔夜中種	
特高筋麵粉	500
新鮮酵母	10
水（25℃）	300
主麵團	
高筋麵粉	500
細砂糖	220
新鮮酵母	30
鹽	8
全脂奶粉	20
蛋黃	200
動物性鮮奶油	50
水	130
無鹽發酵奶油	100
總計	2068

杏仁馬卡龍	
杏仁粉	400
低筋麵粉	20
蛋白	360
細砂糖	500
總計	1280

有鹽發酵奶油片（20g/ 個）	800

作法

杏仁馬卡龍

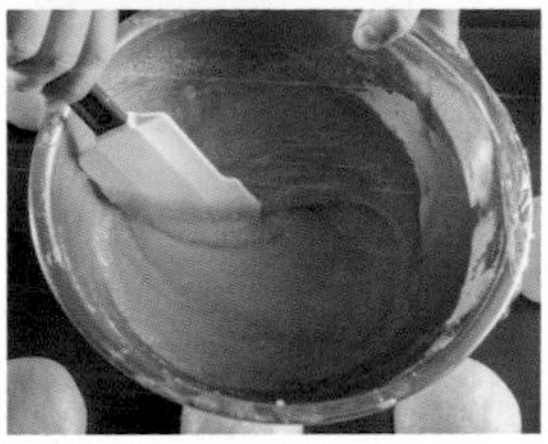

1 將所有食材攪拌均勻，冷藏 1 晚上，備用。

隔夜中種

2 隔夜中種：作法參考 **P.132** 紅豆麵包的【作法 3】。

主麵團

3 主麵團：作法參考 **P.133** 紅豆麵包的【作法 4、5】。

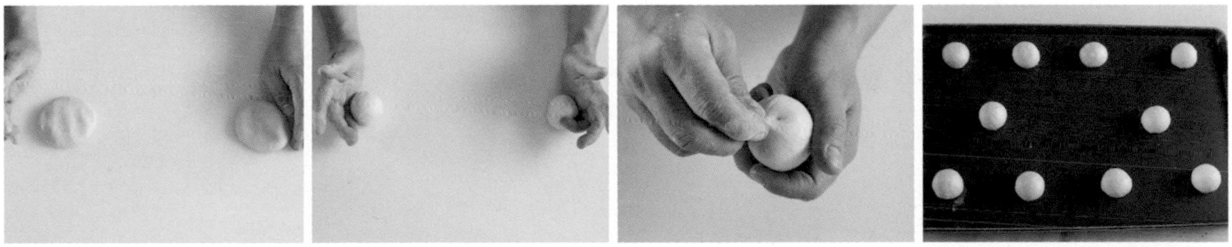

4 中間發酵後，取出麵團沾上手粉、輕壓、滾圓，收口收緊，放上烤盤，最後發酵 **60 分鐘**（溫度 30℃／濕度 75 ～ 80%）。

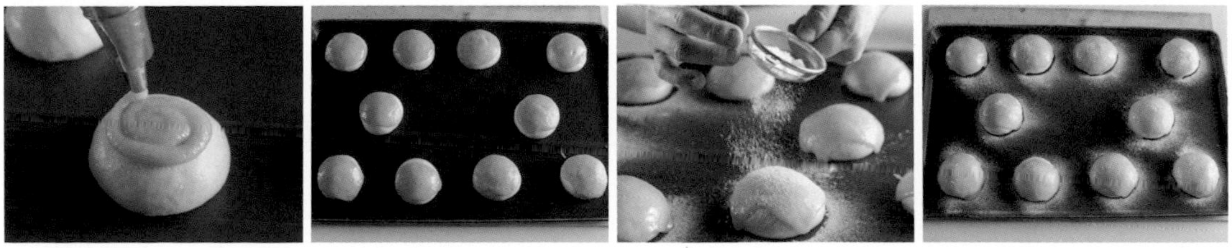

5 表面擠上混合好的杏仁馬卡龍，輕摔使杏仁馬卡龍均勻流下，篩上糖粉；放入烤箱，上下火 200 ／ 180℃，烤焙 15 分鐘，出爐，完成。

柴魚醬燒培根

Bacon bread

80g×25個 | 隔夜中種法

【製作程序】

隔夜中種	
基本發酵	30 分鐘（30℃、75～80%）
冷藏靜置	12 小時（不超過 16 小時）

主麵團	
攪拌程度	L4M5 下奶油 L3M4
麵團溫度	完成麵團 27℃
基本發酵	20 分鐘（30℃、75～80%）
分割滾圓	80 公克
中間發酵	冷藏鬆弛 30 分鐘
整　　形	直徑 15 公分圓片狀
最後發酵	60 分鐘（30℃、75～80%）
烤箱溫度	200／150℃
烤焙時間	12 分鐘

【材料（g）】

隔夜中種	
特高筋麵粉	500
新鮮酵母	10
水（25℃）	300
主麵團	
高筋麵粉	500
細砂糖	220
新鮮酵母	30
鹽	8
全脂奶粉	20
蛋黃	200
動物性鮮奶油	50
水	130
無鹽發酵奶油	100
總計	2068

配料	
烤肉醬	適量
柴魚片	適量
培根	25 條
美乃滋	適量
小黃瓜條（1 支切 4 條）	7 條
美生菜絲	適量

作法

隔夜中種

1 隔夜中種：作法參考 **P.132** 紅豆麵包的【作法 3】。

主麵團

2 主麵團：作法參考 **P.133** 紅豆麵包的【作法 4、5】。

3
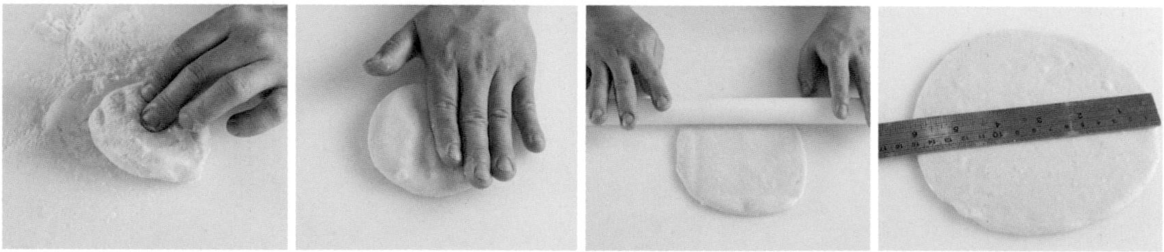

麵團沾上手粉，放置桌面輕壓扁，擀開至直徑 15 公分。

4

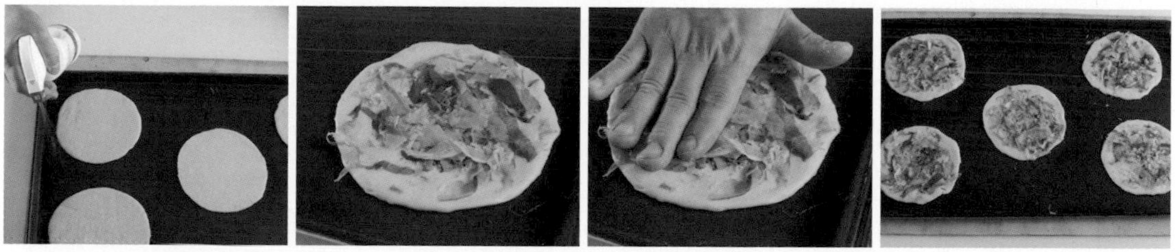

擀好麵團放在烤盤上，表面噴水，放上柴魚片，用手壓緊實，最後發酵 **60 分鐘**（溫度 30℃／濕度 75 ～ 80%）。

5

麵團表面淋上橄欖油，在烤盤下再墊一個烤盤，放入烤箱，上下火 200 ／ 150℃，烤焙 12 分鐘，出爐。
烤盤上鋪上烤焙紙，放上培根，刷上烤肉醬，放入烤箱，上下火 200 ／ 150℃，烤焙 6 分鐘，出爐備用。

6

麵包出爐後翻面，背面抹上美乃滋，依序放上切好的小黃瓜條（一支切成 4 條）、烤好的培根、切絲的美生菜，捲起，用塑膠袋包起，完成。

手撕微撥麵包

Pull apart bread

70g × 21 個 | 隔夜中種法

長 35 × 寬 25 × 高 3 公分烤盤

【製作程序】

隔夜中種	
基本發酵	30 分鐘 （28 ～ 30℃ 、75 ～ 80%）
冷藏靜置	12 小時（不超過 18 小時）

主麵團	
攪拌程度	L6M3 下奶油 L6M4
麵團溫度	完成麵團 26 ～ 27℃
分割滾圓	70 公克
整形擀捲	3 折 3 次後鬆弛 10 分鐘 再擀最後一次進行最後發酵
最後發酵	90 ～ 100 分鐘 （30℃、75 ～ 80%）
烤箱溫度	160 ／ 210℃
烤焙時間	26 ～ 28 分鐘

【材料 (g)】

隔夜中種	
特高筋麵粉	370
新鮮酵母	7
牛奶（18℃）	222
主麵團	
高筋麵粉（冷凍）	370
細砂糖（冷凍）	118
鹽（冷凍）	7
全脂奶粉（冷藏）	48
蜂蜜（冷藏）	37
全蛋（冷藏）	111
牛奶（冷藏）	74
新鮮酵母	12
無鹽發酵奶油	118
總計	1494

※ 夏天要前一天先秤好，冷凍／冷藏備用。

奶油	
無鹽發酵奶油（烤盤底部）	50
有鹽發酵奶油（擠在表面）	120

表面裝飾	
海鹽	適量

作法

隔夜中種

1

新鮮酵母加牛奶，先拌勻至酵母溶解，放入攪拌缸中加入特高筋麵粉低速拌勻 5 分鐘，**麵團完成溫度 25℃**，基本發酵 **30 分鐘**（溫度 28 ～ 30℃／**濕度 75 ～ 80%**），冷藏 12 小時，不超過 18 小時，隔天回溫至中心溫度 15℃，不超過 18℃。

主麵團

2

攪拌缸中放入隔夜中種、高筋麵粉、細砂糖、鹽、全脂奶粉、蜂蜜、全蛋、牛奶、新鮮酵母，低速拌勻 6 分鐘，再轉中速 3 分鐘，打至可拉出薄膜。

3

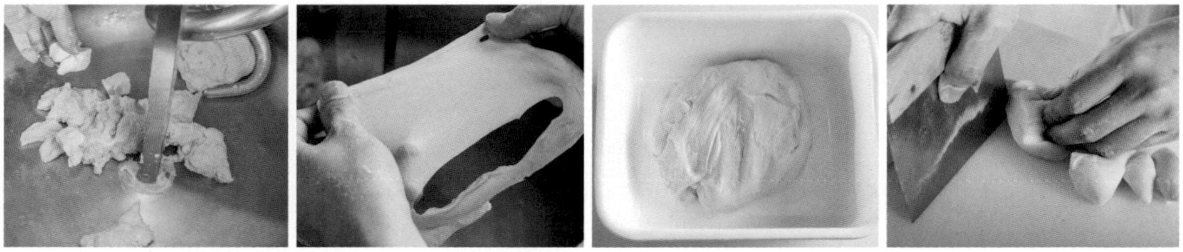

再加入無鹽發酵奶油，低速拌勻 6 分鐘，再轉中速拌勻 4 分鐘，可拉出薄膜，直接分割每個 70 公克。

4

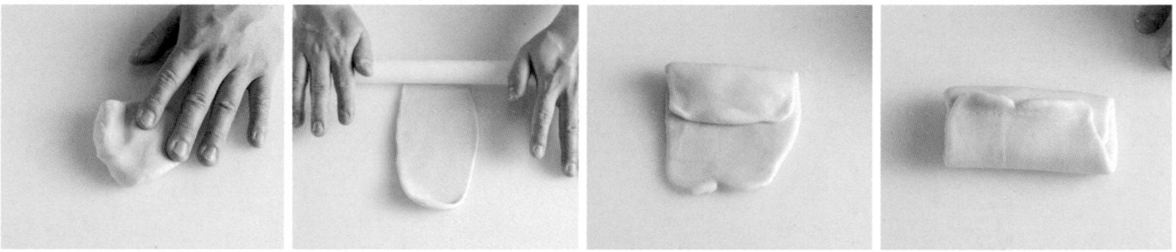

取一麵團，擀開約 8 公分長，上下往中間折起，完成 3 折 1 次。

5

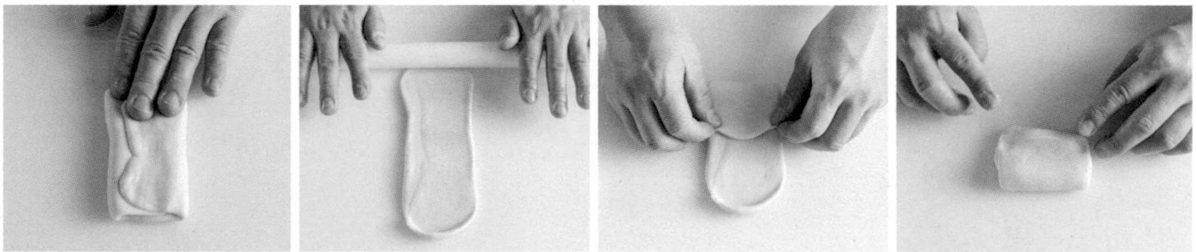

轉向，再擀開約 8 公分長，上下往中間折起，完成 3 折 2 次，再重複 1 次作法，完成 3 折 3 次，靜置鬆弛 10 分鐘。

6

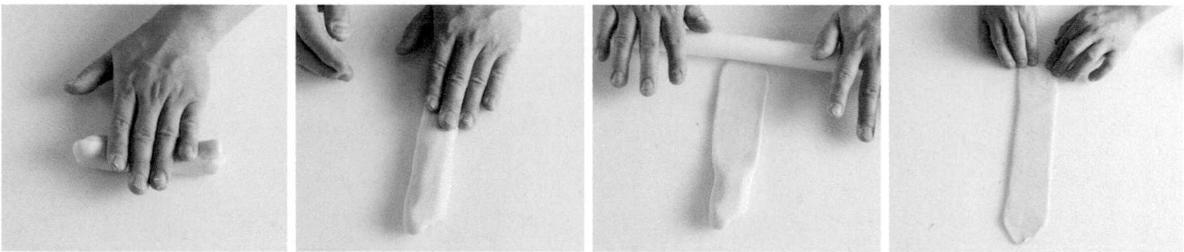

將麵團搓長約 10 公分，轉直，擀開約長 25 公分、寬 5 公分，直接捲起來。

7

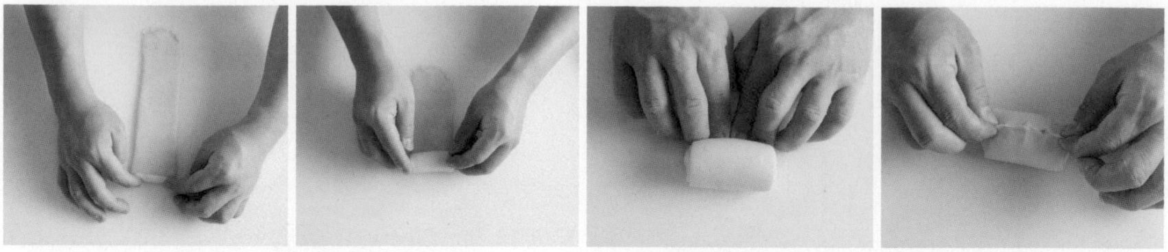

由上往下捲起，收口捏緊，長約 5 公分。

8

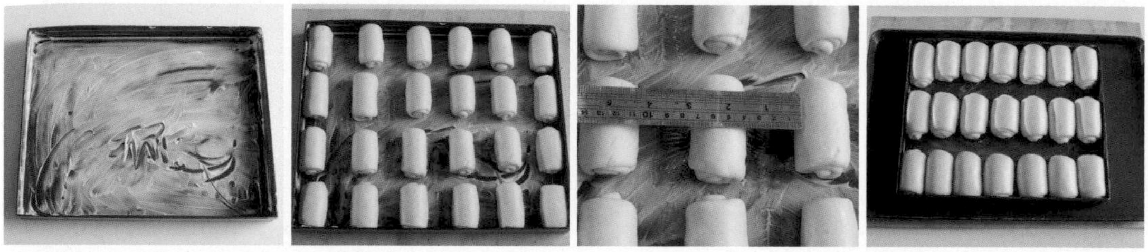

準備烤盤均勻抹上無鹽發酵奶油，使用長 42× 寬 33× 高 3. 5 公分的烤盤時，一盤可以放 24 顆，總重 1680 公克，每顆間距左右 4 公分、前後 2 公分，最後發酵 **90 ～ 100 分鐘**（溫度 30℃／濕度 75 ～ 80%）。

★書中使用長 35× 寬 25× 高 3 公分的烤盤，一盤可以放 21 顆，總重 1470 公克，爐溫不變，烤焙時間 28 分鐘。

9

表面刷上全蛋液，間隔中擠入有鹽發酵奶油，表面撒上海鹽；放入烤箱，上下火 **160 ／ 210℃**，烤焙 26 ～ 28 分鐘，出爐。如果是 24 顆的，烤溫不變，烤 30 分鐘。

10

出爐麵包倒蓋在置涼架上，蓋上一張烘焙紙和置涼架，翻轉，即可完整脫模，完成。

Plastic of puur?
Lana Del Rey
In katzwijm
BY MEDIALAAN

黑糖伯爵貝果

Brown sugar earl bagel

100g × 17 個 | 老麵法

【製作程序】

攪拌程度	L4M4
麵團溫度	完成麵團 25 ～ 26℃
基本發酵	10 分鐘 （28 ～ 30℃ 、75 ～ 80%）
分割滾圓	100 公克
中間發酵	15 分鐘（30℃、75 ～ 80%）
整形包餡	白鈕扣巧克力 15 公克
最後發酵	35 ～ 40 分鐘 （30℃、75 ～ 80%）
烤箱溫度	240 ／ 180℃
烤焙時間	15 ～ 16 分鐘

【材料（g）】

麵團	
高筋麵粉	700
法國粉	300
伯爵茶粉	20
黑糖	50
鹽	16
無鹽發酵奶油	40
新鮮酵母	25
全蛋	50
水	460
老麵	100
總計	**1761**

※ 法國老麵種配方與做法，請參考 P.051。

內餡	
白鈕扣巧克力	255

貝果水	
水	1000
麥芽精	5
細砂糖	20

作法

貝果水

1 貝果水：所有材料混合拌勻，備用。

麵團

2

高筋麵粉、法國粉、伯爵茶粉、黑糖、鹽、新鮮酵母、全蛋、水、老麵、無鹽發酵奶油放入攪拌缸中低速拌勻 4 分鐘，再轉中速拌勻 4 分鐘，可拉出薄膜，麵團完成溫度 25～26℃，基本發酵 10 分鐘（溫度 28～30℃／**濕度 75～80%**）。

3

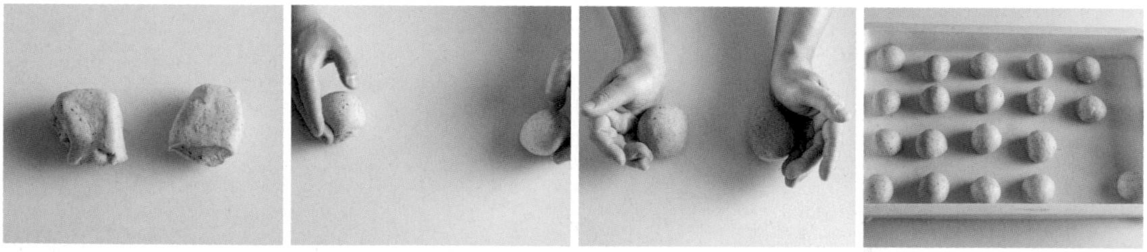

取出分割每個 100 公克，滾圓，中間發酵 15 分鐘（**30℃、75～80%**）。

4

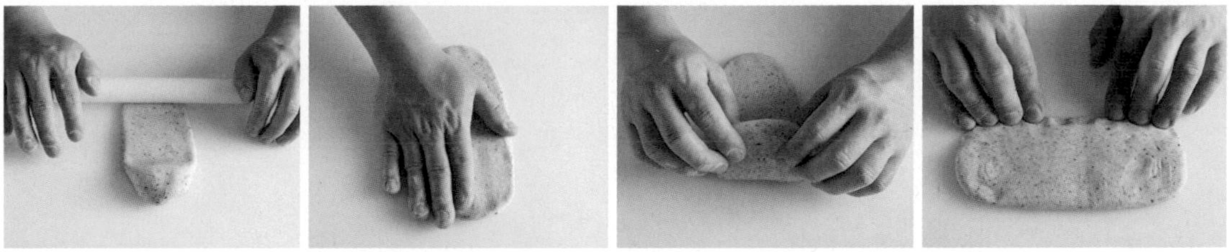

取一麵團擀開、輕拍排氣，大小約長 16.5、寬 8 公分，翻面，轉向，輕壓底部壓薄。

5

鋪上白鈕扣巧克力 15 公克，捲起，收口捏緊，搓長約 18 公分。

6

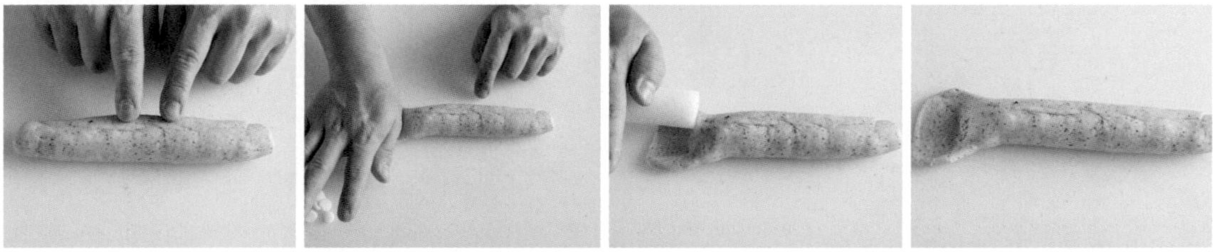

收口處朝上，壓尾端 5 公分，再用擀麵棍壓扁，寬度約 5 公分。

7

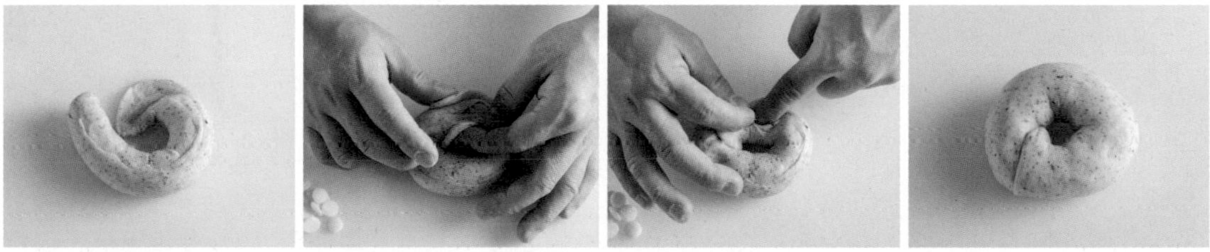

前後端交疊，壓扁的部分包住另一端，收口捏緊，確實包起，完成貝果形狀，放上烤盤，最後發酵 35 ~ 40 分鐘（**溫度 30℃／濕度 75 ~ 80%**）。

8

將貝果水煮滾，放入貝果，兩面汆燙各 30 秒，撈出瀝乾放上烤盤，放入烤箱，上下火 240／180℃，烤焙 15 ~ 16 分鐘，出爐，完成。

肉桂葡萄貝果

Cinnamon raisin bagel

100g×19 個 | 老麵法

【製作程序】

攪拌程度	L4M4
麵團溫度	完成麵團 25 ～ 26℃
基本發酵	10 分鐘 （28 ～ 30℃、75 ～ 80%）
分割滾圓	100 公克
中間發酵	15 分鐘（30℃、75 ～ 80%）
整　　形	貝果形狀
最後發酵	35 ～ 40 分鐘 （30℃、75 ～ 80%）
烤箱溫度	240 ／ 180℃
烤焙時間	15 ～ 16 分鐘

【材料（g）】

麵團	
高筋麵粉	700
法國粉	300
細砂糖	50
鹽	16
無鹽發酵奶油	40
新鮮酵母	24
全蛋	40
肉桂粉	5
水	450
老麵	100
蜂蜜	50
泡好後瀝乾的葡萄乾	200
總計	1975

※ 法國老麵種配方與做法，請參考 P.051。

貝果水	
水	1000
麥芽精	5
細砂糖	20

果乾	
葡萄乾	200
蘭姆酒	40

作法

果乾

1 葡萄乾與蘭姆酒混合拌勻，冷藏一晚，使用前瀝乾備用，冷藏可保存 6 個月。

貝果水

2 貝果水：所有材料混合拌勻，備用。

麵團

3 

高筋麵粉、法國粉、細砂糖、鹽、新鮮酵母、全蛋、肉桂粉、水、老麵、蜂蜜、無鹽發酵奶油放入攪拌缸中，低速拌勻 4 分鐘，再轉中速拌勻 4 分鐘，可拉出薄膜，加入泡好後瀝乾的葡萄乾拌勻，麵團完成溫度 25 ～ 26℃，基本發酵 10 分鐘（溫度 28 ～ 30℃／**濕度 75 ～ 80%**）。

4

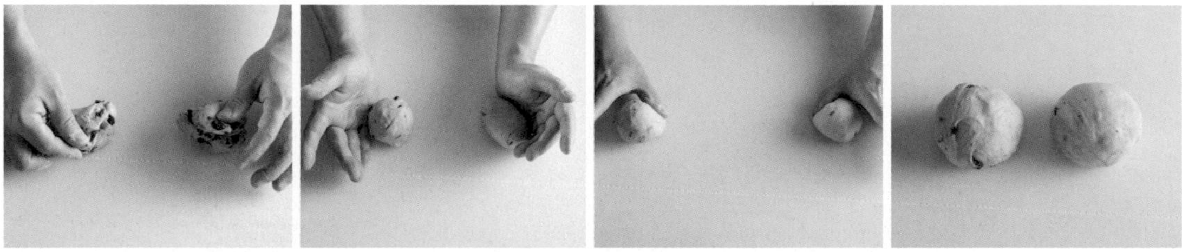

取出分割每個 100 公克，滾圓，中間發酵 15 分鐘 (**30℃、75 ～ 80%**)。

5

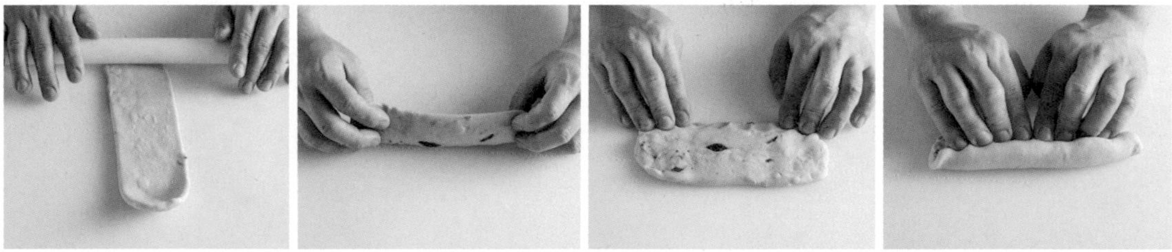

取一麵團擀開、輕拍排氣，大小約長 16. 5、寬 8 公分，翻面，轉向，輕壓底部壓薄，捲起。

6

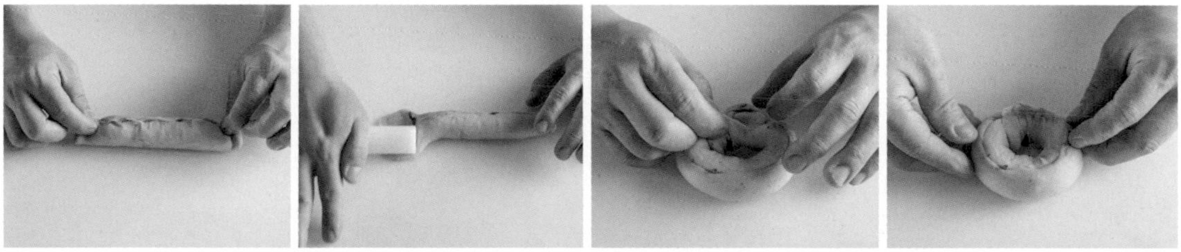

收口捏緊，搓長約 18 公分，收口處朝上，壓尾端 5 公分，再用擀麵棍壓扁，寬度約 5 公分，前後端交疊，壓扁的部分包住另一端，收口捏緊，確實包起，完成貝果形狀，放上烤盤，最後發酵 35 ～ 40 分鐘（**溫度 30℃／濕度 75 ～ 80%**）。

7

將貝果水煮滾，放入貝果，兩面汆燙各 30 秒，撈出瀝乾放上烤盤，放入烤箱，上下火 240 ／ 180℃，烤焙 15 ～ 16 分鐘，出爐，完成。

咕咕霍夫可可
Cocoa Kugelhopf

100g×22 個 | 直接法

直徑 11 × 底 7.6 × 高 4.8 公分咕咕霍夫模

【製作程序】

攪拌程度	L5M4 下奶油 L2M4 下果乾 L2
麵團溫度	完成麵團 26℃
基本發酵	60 分鐘翻面 30 分鐘（30℃、75 ～ 80%）
分割滾圓	100 公克
中間發酵	30 分鐘（30℃、75 ～ 80%）
整形包餡	香蕉乾 15 公克
最後發酵	50 分鐘（30℃、75 ～ 80%）
烤箱溫度	180 ／ 240℃
烤焙時間	23 ～ 24 分鐘

【材料 (g)】

麵團	
高筋麵粉	800
法國粉	200
新鮮酵母	30
細砂糖	80
鹽	20
歐貝拉可可粉	50
動物性鮮奶油	100
水	650
無鹽發酵奶油	50
耐烤水滴巧克力	200
梅園橘皮	100
總計	2280

香蕉乾	
香蕉乾	300
米酒	60

※ 香蕉乾浸泡米酒，取出瀝乾。

作法

1 麵團

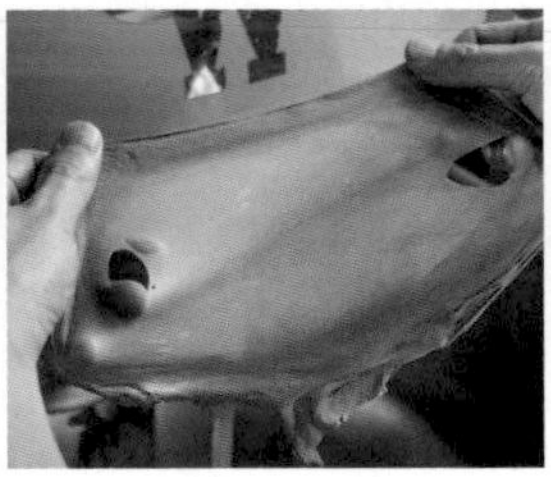

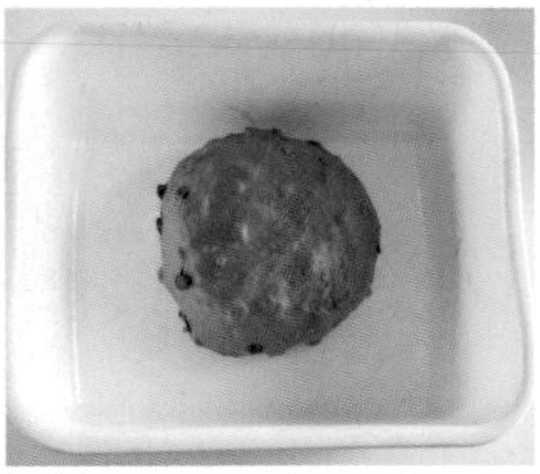

攪拌缸中放入高筋麵粉、法國粉、新鮮酵母、細砂糖、鹽、可可粉、動物性鮮奶油、水，低速拌勻 5 分鐘，再轉中速 4 分鐘，加入無鹽發酵奶油低速 2 分鐘，再轉中速 4 分中，打至可拉出薄膜，加入耐烤水滴巧克力、切丁的橘皮，低速 2 分鐘拌勻，基本發酵 60 分鐘翻面，再發酵 30 分鐘（**溫度 30℃／濕度 75 ～ 80%**）。

2

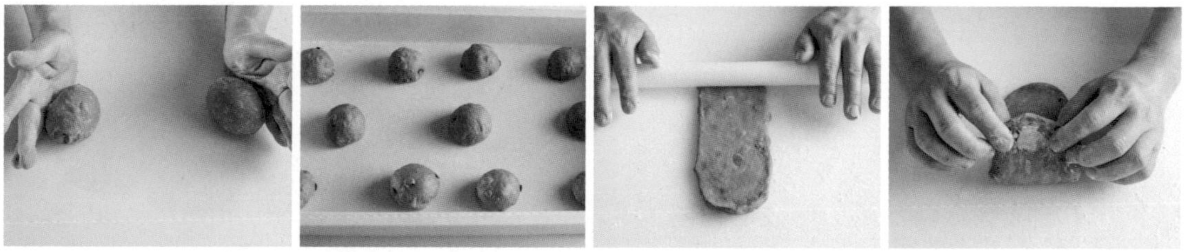

麵團取出分割每個 100 公克，中間發酵 30 分鐘（**溫度 30℃／濕度 75 ～ 80%**），發酵好麵團擀開約 15 公分長，翻面。

3

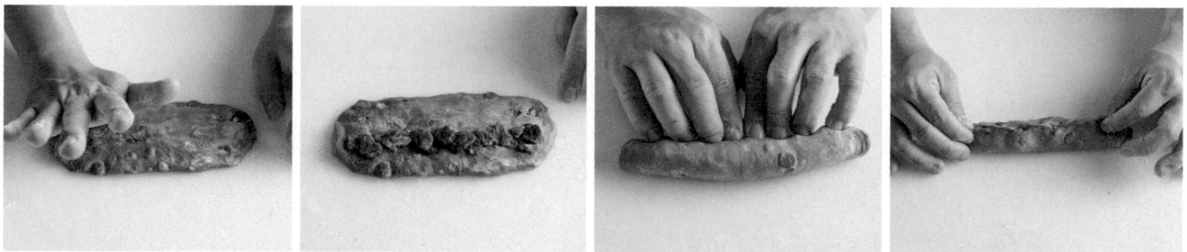

麵團擺橫的，在上緣放上香蕉乾 15 公克，捲起，收口捏緊。

4

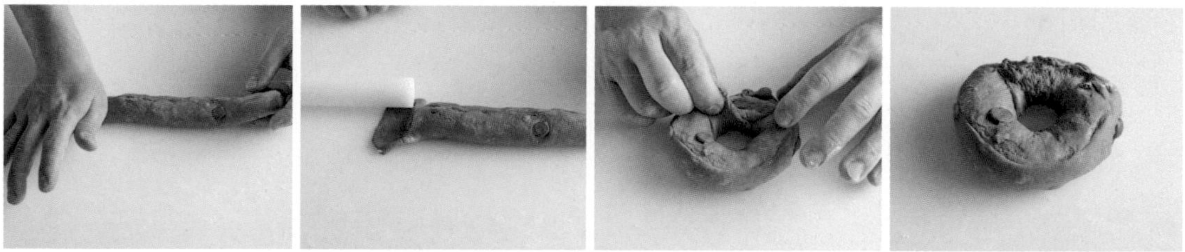

搓長約 15 公分，收口處朝上，壓尾端 5 公分，再用擀麵棍壓扁，寬度約 5 公分，前後端交疊，壓扁的部分包住另一端，收口捏緊，確實包起，完成貝果形狀。

5

咕咕霍夫模噴上烤盤油，放入麵團，最後發酵 50 分鐘（**溫度 30℃／濕度 75 ～ 80%**），麵團發酵到離模具約 1 公分，放入烤箱，上下火 180 ／ 240℃，烤焙 23 ～ 24 分鐘，出爐。

PART VI

調理

Salty Bread

瑪格莉特佛卡夏

Focaccia margherita

100g×20 個

直接法

【製作程序】

攪拌程度	L4M4
麵團溫度	完成麵團 26℃
基本發酵	60 分鐘 （30℃ 、70 ～ 80%）
分割滾圓	100 公克
中間發酵	冷藏 30 分鐘
整　　形	直徑 10 公分圓片
最後發酵	40 分鐘 （30℃、75 ～ 80%）
烤箱溫度	230 ／ 200℃
烤焙時間	15 ～ 16 分鐘

【材料 (g)】

麵團	
高筋麵粉	700
法國麵粉	300
細砂糖	60
鹽	20
新鮮酵母	25
橄欖油	50
水	650
馬鈴薯泥	200
總計	2005

※ 馬鈴薯泥：新鮮馬鈴薯去皮，切塊煮熟後，趁熱拌成泥狀，冷卻即可使用，冷藏可保存 3 天。

表面裝飾	
番茄醬	適量
小番茄（切半）	適量
水牛乳酪（切小丁）	適量
起司絲	適量
新鮮羅勒葉	適量

作法

1

攪拌缸中放入高筋麵粉、法國粉、細砂糖、鹽、橄欖油、水、馬鈴薯泥、新鮮酵母，低速 4 分鐘成團，再轉中速 4 分鐘，**麵團完成溫度 26℃**，基本發酵 60 分鐘（溫度 30℃／濕度 70 ～ 80%）。

2

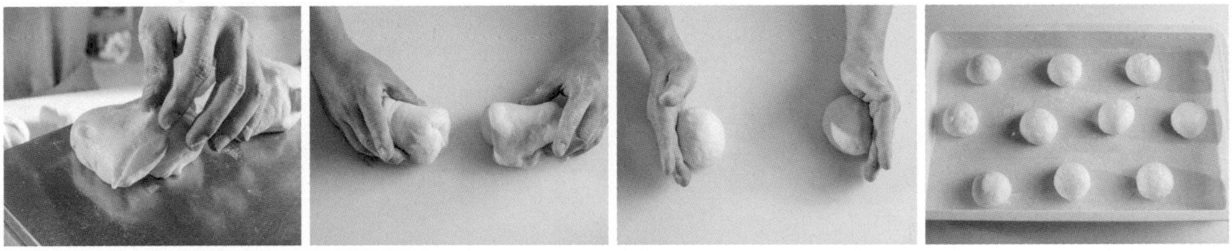

麵團取出分割每個 **100 公克**，中間發酵冷藏 30 分鐘。

3

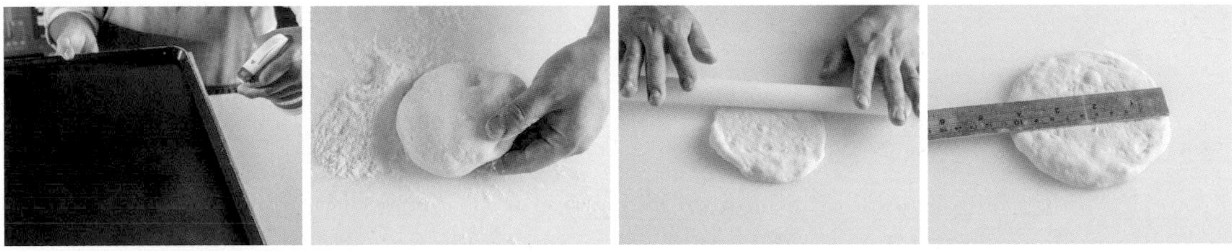

烤盤噴水，取一發酵好麵團沾上手粉，用擀麵棍擀開約直徑 10 公分，放上烤盤，最後發酵 40 分鐘（**溫度 30℃／濕度 75 ～ 80%**）。

4

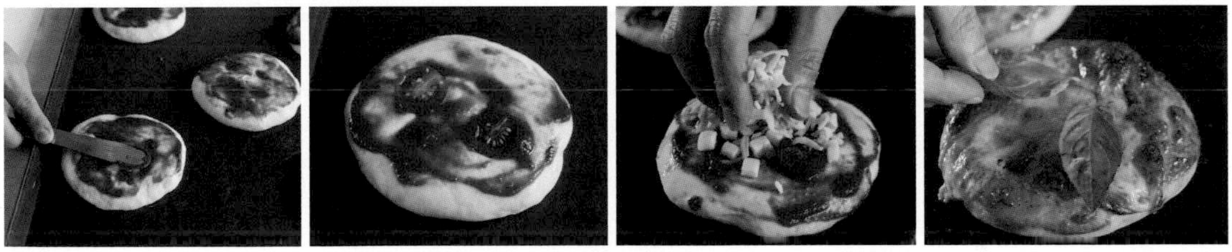

表面抹上番茄醬，放上切半的小番茄、水牛乳酪（切小丁）、起司絲，放入烤箱，上下火 230 ／ 200℃，烤焙 15 ～ 16 分鐘，出爐，擺上羅勒葉，完成。

紅醬蒜苗臘肉乳酪佛卡夏

Bacon cheese focaccia

100g × 20 個 | 直接法

【製作程序】

攪拌程度	L4M4
麵團溫度	完成麵團 26℃
基本發酵	60 分鐘（30℃、70 ～ 80%）
分割滾圓	100 公克
中間發酵	冷藏 30 分鐘
整　形	直徑 10 公分圓片
最後發酵	40 分鐘（30℃、75 ～ 80%）
烤箱溫度	230 ／ 200℃
烤焙時間	15 ～ 16 分鐘

【材料（g)】

佛卡夏麵團

材料參考 **P.164** 瑪格莉特佛卡夏的麵團材料

表面裝飾

紅醬	適量
臘肉（切片再切半）	適量
蒜苗（切斜段）	適量
莫札瑞拉起司絲	適量

作法

1 麵團：作法參考 P.165 瑪格莉特佛卡夏的【作法 1、2】。

2 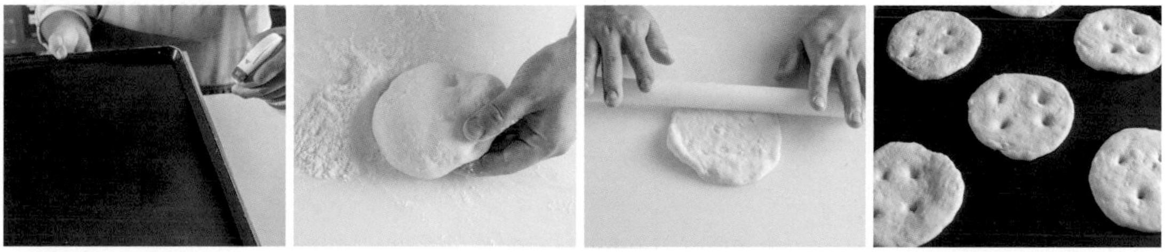

烤盤噴水，取一發酵好麵團沾上手粉，用擀麵棍擀開約直徑 10 公分，放上烤盤，戳四個洞，最後發酵 40 分鐘（**溫度 30℃／濕度 75 ～ 80%**）。

3 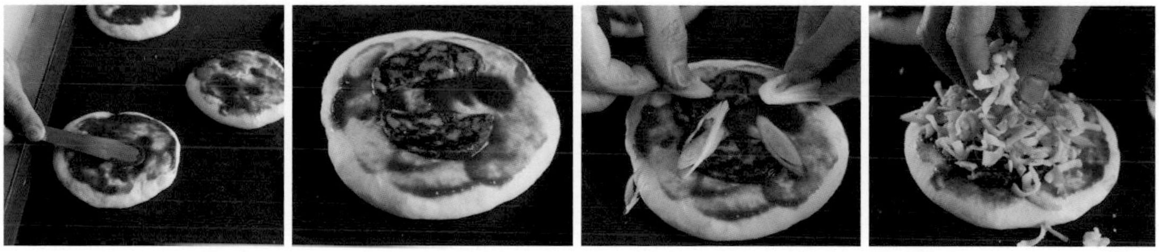

表面抹上紅醬，放上臘肉（切片再切半）、蒜苗（切斜段）、莫札瑞拉乳起司絲，放入烤箱，上下火 230 ／ 200℃，烤焙 15 ～ 16 分鐘，出爐，完成。

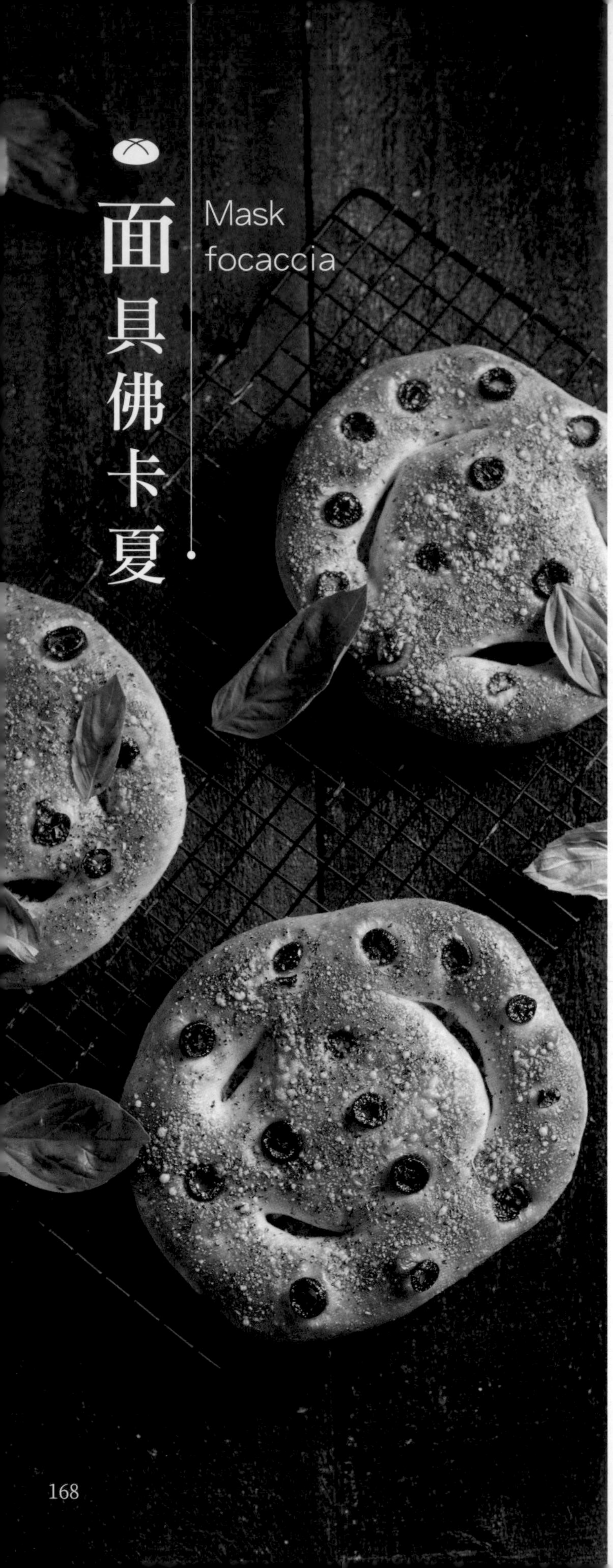

面具佛卡夏

Mask focaccia

100g×20 個

直接法

【製作程序】

攪拌程度	L4M4
麵團溫度	完成麵團 26℃
基本發酵	60 分鐘 （30℃ 、70 ～ 80%）
分割滾圓	100 公克
中間發酵	冷藏 30 分鐘
整　　形	直徑 10 公分圓片
最後發酵	40 分鐘 （30℃、75 ～ 80%）
烤箱溫度	220 ／ 180℃
烤焙時間	15 分鐘

【材料（g）】

佛卡夏麵團

材料參考 **P.164** 瑪格莉特佛卡夏的麵團材料

表面裝飾

黑橄欖（切片）	適量
義大利香料	適量
黑胡椒粒	適量
起司粉	適量
橄欖油	適量
新鮮羅勒葉	適量

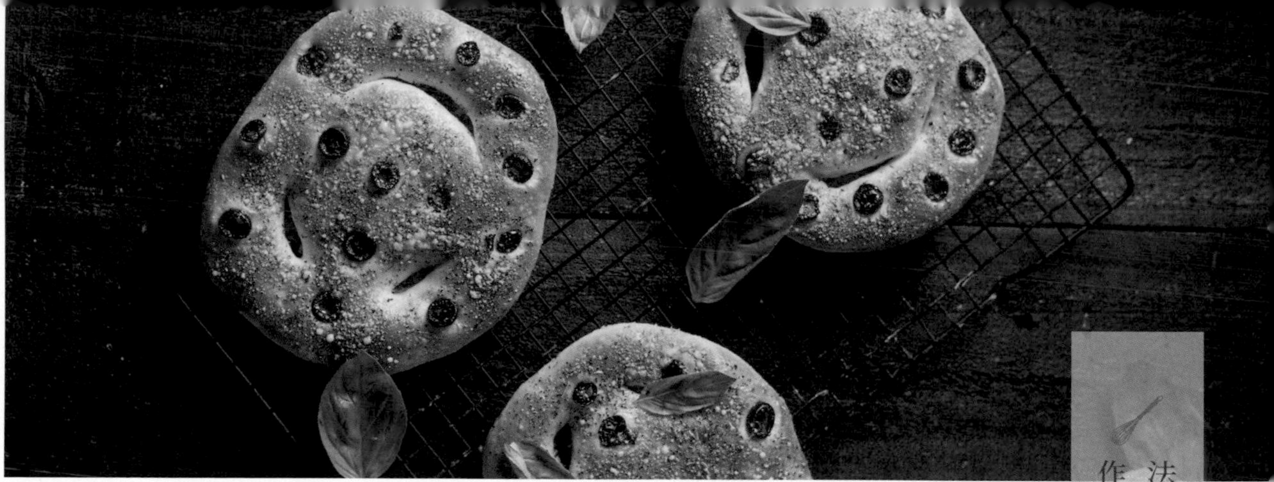

作法

1 麵團：作法參考 **P.165** 瑪格莉特佛卡夏的【作法 1、2】。

2 烤盤噴水，取一發酵好麵團沾上手粉，用擀麵棍擀開約直徑 10 公分，用刀切三刀（如圖），放上烤盤，最後發酵 40 分鐘（**溫度 30℃／濕度 75 ～ 80%**）。

3 放上黑橄欖（切片），撒上義大利香料、黑胡椒粒、起司粉，放入烤箱，上下火 220／180℃，烤焙 15 分鐘，出爐，刷上橄欖油，擺上新鮮羅勒葉，完成。

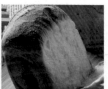

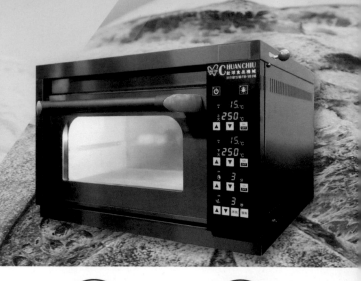

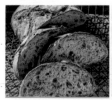

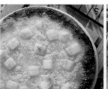

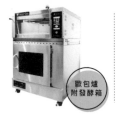

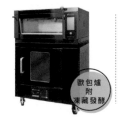

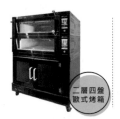

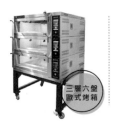

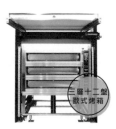

和歌山
有田の
伊藤農園
糖漬柑橘
製菓用
珍視 素材 本身的風味
素材はみかんだけ
巧舜企業有限公司
專業代理進口

Baking：10

峰麵包 熟成的韻味

BREAD RECIPE

國家圖書館出版品預行編目（CIP）資料

峰麵包－熟成的韻味／陳志峰著．－－一版．－－
新北市：優品文化，2022．11；176 面；19x26
公分．－－（Baking；10）
ISBN 978-986-5481-17-9（平裝）

1. 點心食譜 2. 麵包

427.16　　110016781

作　　者　陳志峰
總 編 輯　薛永年
副總編輯　馬慧琪
文字編輯　董書宜
美術編輯　黃頌哲

出 版 者　優品文化事業有限公司
地址：新北市新莊區化成路 293 巷 32 號
電話：(02) 8521-2523 / 傳真：(02) 8521-6206
信箱：8521service@gmail.com（如有任何疑問請聯絡此信箱洽詢）

印　　刷　鴻嘉彩藝印刷股份有限公司

業務副總　林啟瑞 0988-558-575

總 經 銷　大和書報圖書股份有限公司
地址：新北市新莊區五工五路 2 號
電話：(02) 8990-2588 / 傳真：(02) 2299-7900

網路書店　www.books.com.tw 博客來網路書店

出版日期　2023 年 02 月
版　　次　一版二刷
定　　價　450 元

上優好書網　FB 粉絲專頁　LINE 官方帳號　Youtube 頻道